허브 식물 이 정도일까?
베스트 허브 식물 이야기

허브 식물 이 정도일까?

베스트 허브 식물 이야기

약용 허브,
먹는 허브,
아로마테라피를
알려주는 책

제갈영·손현택 지음

지식서관

베스트
허브 식물 이야기

지은이 | 제갈영·손현택
펴낸곳 | 도서출판 지식서관
펴낸이 | 이홍식
디자인 | 디자인 감7
등록 | 1990. 11. 21. 제96호
주소 | 경기도 고양시 덕양구 벽제동 564-4
전화 | 031)969-9311 팩스 | 031)969-9313
e-mail | jisiksa@hanmail.net

초판 1쇄 발행일 | 2012년 7월 20일

머리말

　허브(Herb)란, 서양에서 약이나 향초로 이용하는 식물들을 말합니다. 인간이 식용하거나 약용할 수 있으면서 어떤 향이 있는 식물들을 허브라고 하는데, 순수하게 우리말로 번역하면 '약초' 라는 뜻일 것입니다. 그러나 몇몇 허브 전문가들은 '인간이 식용 또는 약용할 수 있는 유익한 식물 중에서 어떤 향이 있는 식물' 을 허브라고 말하기도 합니다.

　이 책은 국내 자생종을 제외한 외국 식물 중에서 예로부터 허브로 유명한 식물들을 다루고 있습니다. 국내 자생종 식물 중에서 예컨대 '질경이' 나 '딱총나무' 는 유럽에서도 자생하는 유명한 허브이지만, 이들 식물들은 국내 약초 책에서도 흔히 다루는 식물이므로 자생종 식물을 제외한 외국산 허브 위주로 이 책을

꾸몄습니다.

    국내에는 국적 불명의 허브 제품들이 적지 않은 규모로 유통되고 있습니다. 허브를 키우고 있는 국내 농장은 한정되어 있는데 허브 비누, 허브 양초, 허브 건강 보조제, 허브 방향제 같은 수많은 수입산 허브 제품이 지금 이 순간에도 홍수처럼 판매되는 것입니다. 이들 허브 관련 제품을 사용하려면 한 가지 알아야 할 점이 있을 것입니다. 바로 농약의 사용 유무입니다.

    우리나라 산야초는 깊은 산에서 채취하기 때문에 농약 걱정이 없습니다. 그런 면에서 산과 대지의 기운이 듬뿍 담겨 있는 자연의 소중한 선물일 것입니다. 우리 주위에는 알게 모르게 수입되고 있는 수많은 허브 제품들이 있는데 그것들 역시 농약을 사용하지 않은 제품들이 당연히 더욱 좋겠죠.

    지구의 역사에서 인간과 동물들은 병에 걸리면 식물에서 그 치료 방법을 찾았습니다. 식물만이 유일한 해결책이지만 인간의 무분별한 농약 사용으로 화학 독성이 축척된 오염 식물들이 인간의 병을 악화시키는 시대가 되었습니다.

    만일 가정에서 허브를 식용하고 허브 관련 제품을 사용할

생각이라면 농약을 사용하지 않은 유기농 허브를 사용하도록 유념해야 할 것입니다. 농약을 사용하지 않은 유기농 허브만이 깊은 산에서 채취한 산야초처럼 안전하게 자연의 소중한 자산을 전달해 줄 수 있는 중간자 역할을 하기 때문입니다. 이런 분들에게 필자의 허브 이야기가 허브를 재배하고 활용하는 데 있어 많은 도움이 되길 바라마지 않습니다.

2012년 7월
제갈영, 손현택 드림

photocoffeeman@daum.net

CONTENTS

머리말 • 05

음식을 상큼하게 만드는 **애플민트** • 14

식용 허브로 인기 있는 **페퍼민트(양박하)** • 18

향이 비교적 연한 **스피아민트(녹양박하)** • 23

4711 향기가 나는 **오데코롱민트** • 25

치명적인 살균력의 **페니로얄** • 27

고양이가 좋아하는 **캣민트(개박하, 캣닢)** • 30

세이지의 왕 **가든세이지** • 31

꽃에서 체리 향기가 나는 **체리세이지(가을세이지, 오텀세이지)** • 34

계절 음료에 어울리는 장식 꽃 **핫립세이지** • 37

세이지 꽃 중에서 가장 맛있는 **파인애플세이지** • 39

과일 향이 나는 세이지 **후루츠세이지(피치세이지)** • 42

최근 많이 볼 수 있는 세이지 품종 **나바조세이지** • 44

기분 좋은 향의 **클라리세이지** • 45

중앙아메리카에서 온 세이지 **멕시칸세이지(멕시칸부시세이지)** • 48

파란색 꽃이 피는 **블루세이지** • 50
향초, 아로마로 사용하는 **스위트라벤더** • 52
식용 라벤더로 유명한 **마리노라벤더**(잉글리시라벤더) • 55
프렌치라벤더, 이탈리아라벤더라고 불리는 **스패니시라벤더** • 58
깨끗한 라벤더 향이 나는 **프린지드라벤더**(프렌치라벤더) • 61
고사리 잎처럼 갈라지는 **피나타라벤더** • 63
미식가가 즐겨 선택하는 **타임**(레몬타임, 그린타임) • 65
매운 맛을 증가시키는 **오레가노 & 그릭오레가노** • 70
샐러드 드레싱, 칠면조 요리에 사용하는 **마조람**(스위트마조람) • 74
주방의 황제 **바질**(스위트바질) • 78
차로 인기 있는 **레몬밤**(멜리사) • 82
중세 유럽 서민 가정의 3대 허브 **허하운드** • 85
북미 인디언들의 약용 식물 **베르가못**(오스위고 차, 스칼렛 비밤) • 88
노화 방지 효능이 있는 **슈퍼버글**(아주가) • 91
미의 여신 아프로디테의 허브 **로즈마리** • 94
한때 만병 통치약이었던 **히솝** • 98
붕대로 사용한 식물 **램즈이어** • 102
포푸리로 아주 좋은 **민트부시**(프로스탄데라) • 103
식용할 수 있을까, 약용할 수 있을까? **콜레우스** • 105
잎을 비비면 좋은 향기가 나는 **장미 허브** • 110
불사의 명약 **휀넬(회향) & 브론즈휀넬** • 112
채소이자 허브로 유명한 **파슬리** • 117

계피, 후추, 정향의 인기를 능가하는 향신료 식물 **고수(코리안더)**
• 120

미식가의 파슬리 **챠빌(처빌)** • 124

연어 요리에 좋은 **딜** • 126

딜, 회향과 향이 비슷한 **캐러웨이** • 129

샐러리처럼 먹는 식용 허브 **러비지** • 131

인도 아이유베다 허브 식물인 **페니워트** • 133

도둑고양이를 퇴치하는 **루** • 136

포푸리로 인기만점인 **금잔화(포트메리골드)** • 140

고구마처럼 먹었던 절반은 채소 작물 **달리아** • 143

방사능으로 오염된 토양을 정화하는 **해바라기** • 148

식용하고 약용하는 **데이지** • 152

꽃과 기름을 먹을 수 있는 **잇꽃(샤플라워, 홍화)** • 157

간 기능에 좋은 실리마린의 원료 **밀크시슬(마리아엉겅퀴)**
• 160

아킬레스와 그리스 신화 속의 식물 **야로우(서양톱풀)** • 163

과수원에 심는 허브 **탠지(탄지)** • 166

진통 효능이 있는 **아게라툼(불로화)** • 169

백내장 치료에 효능이 있는 **백묘국** • 170

약용 식물로 유명하지만 약용을 안 하는 **휘버휴** • 173

설탕 300배의 감미 **스테비아** • 176
발기 불능에 효능이 있다고 믿었던 **서던우드** • 179
식용 및 약용 식물로 유명한 **로만캐모마일**(잉글리시캐모마일) • 181
카레 요리와는 상관없는 **커리프랜트** • 184
요리의 향신료로 사용하는 **산톨리나**(코튼라벤더) • 187
인디언의 약초 **에키나시아**(자주천인국) • 190
이태리 요리에서 빼 놓을 수 없는 **루꼴라**(로켓) • 193
염증에 효능이 있는 **금어초** • 196
식물체 전체가 유독한 **디기탈리스**(폭스글로브) • 199
천식, 호흡기 질환에 좋은 **멀레인, 우단담배풀** • 202
꽃을 사람이 섭취할 수 있는 **무스카리** • 205
AD 300년에 조리법이 책으로 나온 **아스파라거스** • 208
골파가 바로 이것 **차이브** • 212
알뿌리를 식용하는 **글라디올러스** • 215
암 치료 대체 요법인 Essiac Tea로 유명한 **소렐** • 218
바닐라 향이 나는 **헬리오트로프** • 220
상큼한 오이 맛이 나는 허브 **보리지** • 223
처녀성을 복원시킨다는 **컴프리** • 226

차로 우려 마시는 잎 **레몬그라스** • 229
여드름, 여성병에 효능이 있는 **레이디스맨틀** • 232
치아 미백에 좋은 **와일드스트로베리** • 235
발기 불능을 치료한다는 **아그리모니** • 2397
설탕 1천 배의 단맛이 나는 **멕시칸스위트허브** • 239
애완 동물에게 치명적인 식물 **란타나** • 242
정서 불안, 스트레스에 효능이 있는 **버베인**(마편초) • 245

레몬 맛의 향신료로 유명한 **레몬버베나** • 248
쪽빛 염료 식물 **밥티시아** • 251
초지에서 흔히 볼 수 있는 **레드클로버**(붉은토끼풀) • 254
식용하고 약용하는 **시계초**(시계꽃, 패션플루트) • 256
식용 허브 캔디의 인기 재료인 **히비스커스**(하와이무궁화) • 259
꽃을 감상하기도 하고 약용도 하는 **목화** • 262
꽃을 식용할 수 있는 **브라질아부틸론** • 266
품종이 많아 구별하기 어려운 **당아욱**(붉은당아욱) • 269
키우는 재미가 쏠쏠한 **커피나무** • 272
육류의 잡냄새를 없애는 **월계수**(베이) • 275
오일(oil)의 유래가 되는 **올리브나무** • 279
자스민차의 재료 **아라비안자스민**(말리화) • 284
밤에만 향기가 나는 **야래향 자스민** • 287

겨울에 키우는 꽃 **프리뮬라** • 290
제라늄 오일을 만드는 **로즈제라늄** • 293
박하 향이 나는 **페퍼민트제라늄** • 296
강렬한 꽃 향기의 **플루메리아** • 299
꽃과 열매를 먹을 수 있는 **훼이조아**(파인애플구아바) • 303
호주 병사들을 치료했던 **티트리** • 306
대머리 치료에 효능이 있는 **한련**(나스터튬) • 309
자홍색을 뜻하는 **후크시아** • 312
인간의 피지와 비슷한 성분인 호호바 오일 **호호바** • 315
약용 식용 허브로 유명한 **맨드라미** • 318
여자 세탁부라고 불렸던 **솝워트**(소프워트, 비누풀) • 321
불면증에 특히 효능이 좋은 **발레리안**(서양쥐오줌풀) • 324
항산화 성분이 가장 많이 함유된 **아티초크** • 327
다이어트에 효능이 있을까? **아르메리아** • 330

부록

읽기 편하게 정리한 허브 프로세서 • 330
    에센셜 오일 – 수증기 증류법 • 333
    에센셜 오일 & 아로마테라피 요법 • 329
허브 포푸리 만들기 • 337
국내에서 쉽게 구할 수 있는 요리용 허브
    향신료의 용도 • 338

찾아보기 • 342

베스트
허브 식물
이야기

음식을 상큼하게 만드는
애플민트
꿀풀과 여러해살이풀 Mentha suaveolens 40~100cm

 서부 지중해 연안과 남서유럽에 분포하는 애플민트는 요리 · 약용 · 관상 목적으로 흔히 키운다.
 줄기는 40~100cm 내외로 자라고, 기는 줄기가 지면으로 퍼지면서 번식한다.

마주난 잎은 밝은 녹색이고, 길이 3~5cm, 둥근 직사각형 모양이고 가장자리에 톱니가 있다. 잎의 표면과 아래쪽에 솜털이 있으므로 요리 장식용으로 권장하지는 않는다. 잎에는 박하 향미와 살균 성분이 있으므로 허브 티나 각종 요리의

① 애플민트 꽃
② 민트 상그리아(안면도 꽃박람회)
③ 애플민트 전초
④ 애플민트 잎

조미료로 사용할 수 있다.
　다른 허브와 달리 민트류를 조미료로 사용할 때는 건조한 잎보다 싱싱한 잎을 즐겨 사용한다.

꽃은 늦여름에 개화하고 꽃의 색상은 밝은 보라색~핑크색이거나 흰색이다. 꽃은 날것으로 섭취하거나 허브 티로 마실 수 있다.

특유의 박하 향과 살균 성분은 해충 박멸에 효능이 있어 꽃이나 잎을 부엌이나 창고에 뿌리면 개미 · 바퀴벌레 · 쥐를 쫓아내는 데 효과가 있다.

⑤

⑥

⑦

⑧

⑨

⑤ 애플민트 잎
⑥ 민트 상그리아
⑦ 민트라테 커피
⑧ 민트오일이 함유된 비누
⑨ 민트 허브빵

소량의 페퍼민트 분말 첨가

샐러드 맛이 상큼해진다.

키포인트

박하 향이 나지만 이 종류의 식물 중 박하 향이 가장 부드러운 편이다.
분말은 톡 쏘는 박하 맛이 나며, 각종 요리를 상큼하게 만든다.

이용법

싱싱한 잎과 꽃을 박하차나 샐러드로 섭취하고 프레이크나 분말을 만들어 각종 요리, 여름 음료, 칵테일, 시럽, 육류, 생선, 달걀 요리의 맛내기로 사용하는데 특히 양 요리에 좋다. 조미료로 사용할 경우 보통 유사한 허브인 페퍼민트 잎을 더 많이 사용한다. 때에 따라 잎을 데치거나 익혀 먹기도 한다.
시럽은 젤리, 쿠스쿠스, 비스킷, 사탕, 껌, 아이스크림, 커피의 맛내기로 사용한다. 전초에서 추출한 에센셜 오일은 해충 박멸, 화장품, 향수, 아로마테라피, 담배 연기 제거에 사용하고 허브 비누, 허브 양초 제조에 사용한다. 분말을 각종 샐러드에 첨가할 때는 극히 소량을 첨가해야 하며 첨가량이 많으면 쓴 맛이 나서 섭취하지 못하게 된다.

약성

잎을 차로 마시는 것만으로도 살균, 해열, 두통, 소화 불량, 복부 가스, 피로 회복, 가슴 통증에 효능이 있다.

번식

꺾꽂이, 포기나누기, 종자

키우기

1 꽃집에서 애플민트 모종을 구입한다.
2 양지~반그늘에서 자란다.
3 비옥한 토양을 좋아한다.
4 수분은 보통으로 관수한다.
5 강원도 일부를 제외한 전국에서 월동한다.

부작용 | 민트(박하)류 식물은 낙태를 유발하는 성분이 있으므로 임신 초기의 임산부는 복용을 피한다.

식용 허브로
인기 있는 꿀풀과 여러해살이풀 Mentha x species 30~90cm

페퍼민트(양박하)

워터민트(Mentha aquatica)와 스피아민트(Mentha spicata) 사이에서 자연적으로 태어난 잡종이지만 민트류 식물 중에서 식용 및 아로마테라피용으로 가장 인기 있는 식물이다.

1753년 칼 린데가 영국에서의 채집 당시에는 단일 품종으로 판단했지만 현재는 잡종 품종으로 분류되었고 유럽에서 전 세계에 전래되었다.

줄기는 사각형이고 높이 30~90cm 내외로 자란다. 잎의 길이는 4~9cm, 잎과 줄기에는 약간의 솜털이 있다. 꽃의 지름은 5mm, 4개로 갈라진 화관은 자주색이다. 꽃의 개화 시기는 보통 여름~늦여름이다.

페퍼민트는 특히 식용 목적으로 인기가 많아 다양한 요리에서 사용되는 허브이다. 예컨대, 민트 맛이 나는 커피는 대부분 페퍼민트 분말을 첨가한 것인데, 머그잔 기준 1/5 티스푼만 추가해도 커피 맛에 상큼한 민트 향이 추가된다. 머스

① 페퍼민트
② 페퍼민트 잎

▲ 페퍼민트 꽃 ▼ 페퍼민트 양초

③ 초코민트
④ 초코민트 잎
⑤ 페퍼민트 쇠고기덮밥

타드 소스에도 추가하면 상큼한 맛이 가미되는데, 가급적 소량 추가하는 것이 좋으며, 적정량 이상 추가하면 약간의 통증이 올 정도로 얼얼하고 쓴 맛이 강해진다.

원예종의 하나인 초코민트

쇠고기덮밥

볶을 때 소량의 페퍼민트 분말을 추가한다.

⑥ 페퍼민트 커피
⑦ 페퍼민트 머스타드 소스
⑧ 페퍼민트 빵

(*Mentha x piperita f. citrata* 'Chocolate')는 잎과 줄기에 밝은 초콜릿 빛이 돈다. 잎을 씹으면 약간의 초콜릿 맛이 나는 잡종이지만 식용 및 약용은 페퍼민트와 거의 비슷하게 취급하기도 한다.

⑨ 페퍼민트 분말
⑩ 페퍼민트 향이 첨가되어 있는 캔디

키포인트

상큼한 맛을 내기 위해 민트류 식물을 조미료로 사용할 경우 대부분 페퍼민트를 사용할 정도로 인기가 많다. 보급률이 높아 꽃집에서 쉽게 구입할 수 있다. 요리용·약용·아로마테라피 용도로 사용할 수 있으므로 직접 키우는 것을 생각해 볼 만하다.

● 이용법

잎을 샐러드로 섭취·익혀 먹거나 허브 티로 먹을 수도 있다. 다른 민트류에 비해 멘솔 함량이 높다. 잎의 분말·시럽을 각종 요리, 여름 음료, 칵테일, 커피·과자·껌·캔디의 맛내기로 사용하는데 극히 소량을 첨가해도 맛내기가 가능하다.

전초에서 추출한 에센셜 오일은 살균·항균력이 높다. 해충 박멸, 화장품·향수·샴푸·방향제·아로마테라피, 허브 비누·허브 양초·치약을 만들고, 오일을 희석해 가슴 통증의 맛사지에 사용한다.

● 약성

살균·해열·두통·불면증, 소화 불량·복부 가스·피로 회복·담즙 분비·기억력 증진·건위·강장·과민성대장증후군, 낙태에 효능이 있다. 암 치료제로서의 가능성도 연구중이다. 부작용으로 간 질환을 유발할 수 있음이 보고되었다.

● 번식

종자, 포기나누기, 꺾꽂이

● 키우기

1 꽃집에서 페퍼민트 모종을 구입한다.
2 양지~반그늘에서 자란다.
3 무거운 점질 토양, 약간의 산성 토양을 좋아한다.
4 수분은 보통으로 관수한다.
5 강원도 일부를 제외한 전국에서 월동한다.

> **부작용** | 다른 민트류와 마찬가지로 임산부의 낙태를 유발하므로 임산부나 모유 수유중일 때는 복용을 금해야 하며, 외용도 가급적 피한다. 흔히 약효가 더 좋을 것이라고 판단하여 에센셜 오일을 직접 섭취하는 경우가 있는데 에센셜 오일은 대개 음식물에 첨가하는 조미료, 방향제, 살균제, 아로마테라피로 사용하는 것이 좋다.

향이 비교적
연한 꿀풀과 여러해살이풀 *Mentha spicata* 30~100cm

스피아민트(녹양박하)

유럽과 서남아시아 원산이며, 동네 꽃집에서도 모종을 판매할 정도로 많이 보급되어 있다.

줄기는 높이 100cm 내외로 자라고 줄기와 잎에는 솜털이 있다. 잎의 모양은 사각꼴이고 끝 부분이 뾰족하며 가장자리에 톱니가 있다. 잎의 길이는 5~9cm 내외이다. 꽃은 분홍색이거나 흰색이고 지름 2.5~3mm 정도이다. Spear란 이름은 잎의 끝 부분이 창 모양이라고 해서 붙었다.

박하 향은 다른 민트류

에 비해 연한 편이지만 다른 민트류처럼 마찬가지로 잎을 소금, 설탕, 시럽, 알코올, 오일을 만들어 각종 요리와 과자, 양요리에 사용하거나 홍차와 섞어 마실 수 있다. 하지만 페퍼민트에 비해 맛이 떨어지므로 식용 목적으로는 페퍼민트를 즐겨 사용한다. 또한 치약, 허브 비누, 허브 양초를 만들거나 복통, 불면증, 항산화 등의 목적으로 약용할 수 있다. 번식은 종자, 꺾꽂이, 포기나누기로 한다.

4711 향기가 나는 오데코롱민트

꿀풀과 여러해살이풀 Mentha x piperita f. citrata 30~60cm

초코민트와 같은 원예종 품종의 하나이다. 꽃은 엷은 자주색이거나 분홍색이고 여름~가을에 개화한다. 둥근 잎은 어두운 녹색이고 잎에서 '4711 오데코롱' 향기가 난나고 하여 오데코롱민트라는 이름이 붙었다.

4711 오데코롱 향수는 나폴레옹의 프랑스 군이 독일 쾰른을 정복하면서 유래되었다. 당시 프랑스 군은 정복 지역을 관

오데코롱 민트 잎

리하기 쉽도록 집집마다 번지수를 매겼는데 이 때 4711번 번지수를 받은 집에서 제조한 신비의 물(향수)에 '4711 오데코롱'이란 상표를 붙이면서 오늘날 그 유명한 오데코롱 향수가 탄생하였다.

  이 향수를 좋아했던 나폴레옹은 50~60병의 오데코롱 향수를 사용했다는 설이 있고 너무나 좋아한 나머지 오데코롱 향수를 마셨다는 이야기도 있다.

  다른 민트류와 달리 향이 연한 편이며 식용보다는 향수용으로 즐겨 키운다. 꽃집에서 모종을 구입해 키울 수 있고 번식은 종자·꺾꽂이·포기나누기로 할 수 있다.

치명적인 살균력의 페니로얄

꿀풀과 여러해살이풀 *Mentha pulegium* L. 40~60cm

유럽산 페니로얄 전초

페니로얄은 유럽산의 페니로얄(*Mentha pulegium*)과 미국산의 아메리칸 페니로얄(*Hedeoma pulegioides*)로 분류한다.

유럽산 페니로얄은 그리스, 로마 때부터 식용 허브로 사용한 식물이지만 대개 잎을 건조시킨 뒤 사용하였고, 다른 민트류에 비해 살충 성분이 많아 에센셜 오일의 사용에 주의해야 한다. 현재는 요리용 허브로는 아예 권장하지 않으며, 간혹가다 에센셜 오일을

다목적 용도로 사용하곤 한다. 특히 살충 성분이 뛰어나기 때문에 해충 박멸에 큰 효과가 있다. 종명 *pulegioides*이 '벼룩'에서 유래되었듯 벼룩을 잡거나

① 페니로얄 꽃
② 페니로얄 잎

뱀의 침입을 막을 때 좋다.

　페니로얄은 싱싱한 잎과 건조시킨 잎을 때때로 차로 마실 수도 있다. 이것은 임산부에게 안전하지 않은 섭취 방법이므로 임산부는 페니로얄 차의 섭취를 피하는 것이 좋다.

　페니로얄의 살균 능력은 인간과 동물 양쪽에 치명적이므로, 미국에서는 1994년 이후 페니로얄이 사용된 제품에는 임신한 여성의 사용에 대한 경고문이 부착되기 시작했다.

　미국 자생종인 아메리칸 페니로얄(*Hedeoma pulegioides*)은 미국 동부 지역에 분포한다. 줄기는 사각형이고 높이 15~30cm 내외로 자라고, 잎을 씹으면 박하 맛과 매운 맛이 난다. 미국에서는 '인디언의 박하' 또는 '가짜 박하'라는 별명이 있다.

키포인트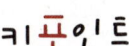

독성이 매우 강하므로 식용·약용·아로마테라피 용도로 권장하지 않으며, 단지 해충 박멸 용도로 안성맞춤이다.

- **이용법**

신선한 잎이나 건조시킨 잎을 허브 티로 마실 수도 있다. 하지만 일반적으로 페니로얄 대신 페퍼민트의 섭취를 권장한다. 에센셜 오일은 허브 비누, 클렌저, 화장품에 사용한다. 말린 잎은 포푸리를 만든다. 말린 잎 또는 신선한 잎을 창고나 주방에 뿌리면 벼룩, 개미, 모기, 나방, 쥐를 퇴치할 수 있다.

- **약성**

월경 촉진, 낙태, 복부 가스 배출, 발한, 소독, 진정, 복통, 해열, 두통, 소화 불량에 효능이 있다. 관절염, 통풍, 피부 염증, 살균에 외용한다. 강력한 낙태 기능이 있으므로 임산부는 복용 및 외용을 피한다. 임산부는 에센스 오일의 섭취를 피해야 하며, 아로마테라피 용도로의 사용도 회피하는 것이 좋다.

- **번식**

종자, 포기나누기

- **키우기**

1 허브 전문 화원에서 페니로얄 모종을 구입한다.
2 양지~반그늘을 권장한다.
3 토양을 가리지 않지만 다소 촉촉한 토양을 좋아한다.
4 수분은 보통으로 관수한다.
5 일부 지역에서 노지 월동 가능.

> **부작용 |** 간혹 청소년들이 낙태를 유발하거나 월경을 촉진하기 위해 페니로얄 허브 티, 페니로얄 에센셜 오일, 페니로얄 알약을 대체 요법으로 과다 사용하기도 하는데 이 때문에 사망한 사례가 외국에서 여러 번 보고되었다.

고양이가 좋아하는 캣민트(개박하, 캣닢)

꿀풀과 한해/여러해살이풀 Nepeta cataria 1m

① 전초
② 꽃

고양이과의 동물들이 좋아하는 네페탈락톤(*Nepetalactone*) 성분이 함유되어 있어 캣민트라는 이름이 붙었다. 고양이는 쥐처럼 민트 향을 싫어하는데 캣민트의 향은 고양이가 특별히 좋아한다고 한다. 이 향기는 민트에 비해 약하지만 인간에서도 약간의 진정 효과를 보여 준다. 우리나라에서는 가짜 박하라는 뜻에서 '개박하' 라는 이름이 있고, 허브 애호가들 사이에서는 캣닢(*Catnip*)이라는 이름으로 알려져 있다.

우리나라와 아시아, 유럽, 북미에 분포하며 잎은 삼각꼴의 깻잎 모양과 비슷하고 잎 뒷면은 잿빛이다. 줄기는 네모지고 높이 1m 내외로 자라지만 잔가지가 많이 갈라진다. 우리나라에서는 제주도에서 자란다.

어린 잎은 차로 마실 수 있고, 잎은 복부가스, 해열, 두통, 결막염, 지혈, 독사에 물린 상처에 효능이 있다. 번식은 종자와 포기나누기로 한다.

세이지의
왕 꿀풀과 상록관목성여러해살이풀 *Salvia officinalis* 70cm
가든세이지

가든세이지 꽃

　세이지 품종 중에서 식용 및 약용으로 가장 유명한 품종은 '가든세이지'라고 불리는 *Salvia officinalis* 품종이다. 예컨대 세이지를 요리의 향신료로 사용하거나 신품종 세이지의 약성을 따질 때도 기본이 되는 품종이 가든세이지이기 때문이다.

세이지, 바질, 로즈마리, 마조람으로 맛을 내면 라자냐

지중해 원산인 가든세이지는 파란 색 또는 보라색 꽃이 늦봄~여름에 핀 다. 잎은 직사각형 모양이고 길이는 6 ㎝, 잎의 윗면은 회록색, 밑면은 짧은 털 때문에 흰색으로 보인다. 꽃의 색 상은 품종에 따라 보라색이 아닌 붉 은색이거나 노란색일 경우도 있다.

가든세이지 잎

가든세이지의 약용 역사는 고대 로마 때인데 초기에는 악귀를 쫓는 힘이 있고 여성의 다산을 상징하는 식물로 알려졌다. 이후 중세 수도 원에서 약용 목적으로 재배하였다가 부엌에 심는 요리용 허브로 주 부들에게 인기를 얻었다.

만일 세이지를 요리용으로 사용하고 싶다면 다른 품종이 아닌 가든 세이지를 키우는 것이 정답이 된다.

키포인트

관상용, 약용, 식용 목적으로 심는다.
잎을 향신료로 사용할 경우 약간의 후추 향미가 난다.

● 이용법
어린 잎은 샌드위치로 섭취하거나 조림으로 먹는다. 건조시킨 잎은 후추 향미가 있어 요리의 맛내기로 사용한다. 돼지고기, 닭고기, 칠면조, 소시지, 기름진 소스와 잘 어울린다. 꽃은 샐러드, 샌드위치, 허브 차로 먹는다. 에센셜 오일은 쿠키, 아이스크림에 넣거나 샴푸 대용으로 사용한다. 싱싱한 잎은 살균 효능이 있으므로 치약 대용으로 사용한다.

● 약성
살균, 항균, 인후통, 혈관 확장, 식은땀, 불안, 우울증, 여성 불임증, 발정제, 알츠하이머 병, 지혈, 이뇨, 각종 피부염에 효능이 있고 특히 소화에 효능이 높다. 에센셜 오일은 류머티즘 관절염에 외용한다. 약간의 독성이 있으므로 임산부와 간질 환자는 약용을 피한다. 약용할 경우 분말을 1일 1~3회 0.4g씩 캡슐 형태로 복용한다.

● 번식
종자, 꺾꽂이, 휘묻이

● 키우기
1 허브 전문 꽃집에서 모종을 구입한다.
2 양지에서 잘 자란다.
3 토양을 가리지 않지만 사질 혼합토를 권장한다.
4 수분은 보통보다 조금 건조하게 관수한다.
5 노지에서 월동할 수 없다.

꽃에서 체리 향기가 나는
꿀풀과 상록관목성여러해살이풀 *Salvia greggii* 1~4m

체리세이지(가을세이지, 오텀세이지)

미국 텍사스 남부에서 멕시코 사이에 분포한다. 원산지에서는 해발 1,500m 이상의 고지대 바위 중턱에서 자생한다. 종명 *greggii*는 1841~1842년 텍사스 지역을 여행하며 텍사스의 지질, 나무 등을 기록한 맥시코인 무역업자 J. Gregg가 그 후 서부 멕시코 식물 탐험대

의 일원이 되면서 이 식물의 존재가 알려졌고, 이후 그의 이름을 기리기 위해 붙여졌다.

  꽃의 길이는 1~3cm 정도이고 꽃의 색상은 빨간색, 흰색, 분홍색, 라벤더, 보라색 등이 있다. 세이지는 그 특성상 자연적으로 교배된 품종이 많아 꽃의 색상에 변수가 많으며, 이 품종의 경우 *S. microphylla*의 교배종으로 보는 경우도 있다.

체리세이지의 잎은 혁질의 타원형이며, 윤채가 있고 상록성이다. 꽃은 여름~가을에 피기 때문에 '가을 세이지'라고도 하는데 온실에서 키울 경우 1년 내내 반복해서 꽃이 핀다. 가든세이지와 마찬가지로 잎을 요리의 향신료로 사용하고, 꽃은 사람이 식용할 수 있다.

① 전초
② 잎
③ 체리세이지
④ 세이지 분말로 맛을 낸 참치 샐러드

키포인트

꽃을 보기 위한 관상용으로 즐겨 심는다.

- **이용법**

세이지 품종에서 요리용으로 즐겨 사용하는 품종은 가든세이지(*Salvia officinalis*), 클라리세이지(*Salvia sclarea*), 파인애플세이지(*Salvia elegans*) 종류이지만 체리세이지도 요리용으로 사용한다. 싱싱한 잎 또는 건조시킨 잎을 요리의 향신료로 사용하거나 허브 티로 마신다. 꽃은 식용하거나 요리 장식용으로 사용한다.

- **약성**

Salvia greggii 품종은 스스로 교잡하는 경우가 많아 자연상에서 매우 많은 교배종이 만들어진다. 이 때문에 약용 효능에 대한 정확한 기록이 없으나 다른 세이지와 마찬가지의 약성이 있을 것으로 추정된다.

- **번식**

종자, 꺾꽂이, 포기나누기

- **키우기**

1 꽃집에서 모종을 구입한다.
2 양지~반그늘에서 자란다.
3 유기질 토양이나 석회암 토양에서 잘 자란다.
4 수분은 보통보다 조금 건조하게 관수한다.
5 월동할 수 없으므로 실내에서 키운다.

계절 음료에
어울리는 장식 꽃 꿀풀과 상록관목성여러해살이풀 *Salvia Microphylla* 120cm
핫립세이지

　Salvia microphylla 품종의 교잡종 품종이다. 멕시코의 Chiapas 지역에서 발견된 후 캘리포니아의 Strybing 식물원에 도입되면서 세상에 알려졌다.

　입술 모양의 꽃 부분이 빨간색과 흰색으로 되어 있어 쉽게 알아볼 수 있다. 때때로 여름 한 낮에는 꽃 전체가 빨간색으로, 여름 밤에는 흰색으로 바뀌는 경우도 있지만 선선한 가을이 되면 2가지 색이 동

핫립세이지 꽃

핫립세이지 꽃 여름 음료

시에 나타난다.

  잎 모양이 전반적으로 체리세이지와 비슷하기 때문에 체리 세이지를 *Salvia microphylla* 품종에서 파생된 교잡종으로 보기도 한다.

  잎의 길이는 다른 세이지에 비해 작은 편인 길이 3cm이고, 이 때문에 종명 *microphylla*는 '작은 잎이 달린' 이란 뜻에서 붙었다. 원종인 *Salvia microphylla* 품종은 멕시코, 애리조나 산악 지대에 자생하며 체리 세이지처럼 교잡종이 많아 일일이 구별하기 어려운 편이다. 아름다운 꽃은 계절 음료의 장식용으로 딱 알맞다.

①잎
②전초

세이지 꽃 중에서 가장 맛있는
파인애플세이지

꿀풀과 관목성여러해살이풀 *Salvia elegans* 1~2m

파인애플세이지 꽃

꽃집에서 쉽게 구할 수 있는 세이지 품종 중에서 요리용으로 즐겨 사용하는 품종이다. 가든세이지에 비해 과일 향이 더 나기 때문에 요리용으로 더 높이 쳐 주는 사람도 있다. 다른 세이지 품종과 달리 교잡종이 아니므로 요리용 및 약용 효능은 원산지에서 이미 증명된 상태이다.

원산지는 과데말라와 멕시코의 해발 1700~3000m의 고지대이며, 꽃에서 파인애플 향이 난다고 하고 파인애플세이지라고 부른다.

줄기는 직립하고 높이 1~2m로 자라며, 성장 속도는 더딘 편이지만 일단 줄기가 많이 올라오고, 꽃이 수없이 많이 달리는 특징이 있다.

꽃은 진홍색이고 길이 2~5cm 내외, 체리세이지나 핫립세이지에 비해 꽃의 길이가 두 배 정도 긴 편이다. 이 꽃은 나비가 특히 좋아한다.

원산지에서는 봄~가을에 꽃이 피지만 국내 환경에서는 온실이나 베란다에서 키우기 때문에 겨울에도 꽃을 볼 수 있다.

식용 가능한 꽃은 세이지 꽃 중에서 가장 달콤한 맛을 자랑하기 때문에 먹는 꽃으로도 아주 잘 어울린다.

잎은 달걀형이고 약간 두터운 편이며, 길이 5~10cm 정도이다. 잎의 모양이 체리세이지나 핫립세이지와 전혀 다르므로 잎을 보면 쉽게 알아볼 수 있다.

잎을 요리의 향신료로 사용할 경우, 건조시킨 잎을 프레이크나 분말을 만들어 사용한다.

원산지에서는 여러해살이풀이지만 국내에서는 한해살이풀로 취급한다.

① 전초
② 건조시킨 잎
③ 잎

키포인트

관상용 또는 요리용으로 심는다.

- **이용법**

싱싱한 잎은 샐러드로 먹거나 허브 차로 마신다. 건조시킨 잎은 각종 요리, 수프에 넣어 먹거나 소스를 만든다. 꽃은 샐러드로 먹거나 각종 요리, 계절 음료의 장식용으로 사용한다.

- **약성**

신선한 잎 4분의 1컵 또는 건조시킨 프레이크 잎 2스푼을 1컵의 끓는 물에 우려 마신다. 혈압 강하, 우울증, 소화에 효능이 있다.

- **번식**

꺾꽂이, 종자(번식이 어려운 편이다.)

- **키우기**

1 꽃집에서 모종을 구입한다.
2 양지에서 잘 자란다.
3 토양을 가리지 않지만 사질 토양에서 더 잘 자란다.
4 수분은 보통보다 조금 건조하게 관수한다.
5 월동할 수 없으므로 실내에서 키운다.

과일 향이 나는
세이지 꿀풀과 관목성 여러해살이풀 *Salvia dorisiana* 1~2m

후루츠세이지(피치세이지)

①

도미니카 원산으로서 1950년대부터 본격적으로 알려진 품종이다. 꽃에서 과일 향이 난다고 하여 후루츠세이지 또는 피치(복숭아)세이지라고도 불린다. 다른 세이지와 달리 줄기·잎·꽃자루에 솜털이 많다. 향기는 뛰어나지만 꽃의 맛은 다른 세이지에 비하여 많이 떨어진다.

줄기는 높이 1~2m로 자라므로 다른 세이지에 비해 비교적 높게 자란다. 잎은 두툼한 깻잎 모양이고 푹신푹신한 털이 있다. 꽃의 길이는 5cm 내외, 분홍색이거나 빨간색이고, 늦여름~가을에 개화하지만 국내 환경에서는 온실에서 키우기 때문에 겨울에도 꽃을 볼 수 있다.

속명인 *dorisiana*는 그리스 신화의 아킬레스의 할머니인 도리스에서 유래되었다. 약용 및 식용 여부는 알려진 내용이 없지만 다른 세이지 품종과 마찬가지의 약용 및 식용이 가능할 것으로 추정된다.

① 꽃
② 전초

최근 많이 볼 수 있는
세이지 품종 꿀풀과 관목성여러해살이풀 *Salvia greggii* 30~70cm

나바조세이지

① 꽃
② 잎

체리세이지가 속한 *Salvia greggii* 품종의 교잡종으로 추정되며 'Navajo Bright Red' 품종과 'Navajo Rose' 품종 등이 있다.

나바조의 유래에 대해서는 정확하지 않으나 미 남서부의 뉴멕시코, 애리조나 등지에 거주했던 나바조(*Navajo*)의 인디언과 연관이 있을 것으로 추정된다.

꽃의 색상은 분홍색, 붉은색, 흰색, 파란색 등이고 광택이 있는 잎은 길이 3cm 내외이다. 줄기가 높이 30~70cm로 자라기 때문에 세이지 품종 가운데에서는 비교적 작은 품종에 속한다.

최근 허브 전문 식물원을 통해 많이 보급되고 있으며, 번식은 종자·포기나누기·꺾꽂이로 할 수 있다.

기분 좋은 향의 클라리세이지

꿀풀과 두해/여러해살이풀 *Salvia sclarea* 30~70cm

흰색 꽃이 피는 세이지 품종으로서 북지중해, 북아프리카, 중앙아시아 원산이다. 세이지 품종 가운데 오랫동안 약용 및 식용한 식물이지만 현재는 에센셜 오일을 얻을 목적으로 재배하는 경우가 많다. 에센셜 오일은 각종 화장품이나 약용 용도로 사용한다.

줄기의 단면은 사각형이고 높이 30~40cm로 자란다.

뿌리 잎은 길이 30cm 내외이고, 줄기 상단 잎은 표면에 잔주름이 많고 잔털이 있다.

① 전초
② 꽃
③ 잎

봄~여름에 피는 꽃은 2~6개씩 돌려나고 꽃 아래쪽 포의 색상이 분홍색인 경우가 많다. 이 때문에 멀리서 보면 꽃의 색상이 연한 분홍색으로 보이기도 하는데 꽃의 색상은 대개 흰색이거나 라일락색, 하늘색인 경우가 많다.

입술 모양의 꽃은 길이 2.5cm 정도이고 사람이 섭취할 수 있다.

멕시코산 세이지의 경우 50~300년 전 사이에 발견된 것이기 때문에 약용 기록이 없는 경우가 많지만, 클라리세이지의 경우 기원전 4세기 경부터 이미 약용한 것으로 알려져 있다.

클라리세이지의 경우 식용으로도 인기 있는데 와인에 잎을 넣으면 백포도주 향미를 낼 수 있다. 건조시킨 잎은 각종 요리의 향미를 낼 때 즐겨 사용한다.

키포인트

관상용 · 약용 · 식용 목적으로 심는다.

- **이용법**

어린 잎은 식용하고 건조시킨 잎은 요리의 맛내기로 사용한다. 싱싱한 잎은 튀김으로 먹는다. 와인에 잎을 넣어 백포도주 향미를 만든다. 꽃은 샐러드나 허브 차로 마신다. 꽃줄기에서 추출한 에센셜 오일은 아로마테라피, 향수, 비누, 화장품에 사용하거나 각종 와인의 맛내기로 사용한다.

- **약성**

건조시킨 잎 · 뿌리 · 씨앗 등이 소화 불량, 강장, 경련, 진통, 생리통, 불면증, 염증, 우울증, 불안증, 폐경 완화에 효능이 있다. 에센셜 오일은 독성이 있으므로 섭취를 피하고 가급적 피부 진정 같은 외용에 사용한다. 임산부와 모유 수유 산모에게는 약용을 권장하지 않는다.

- **번식**

종자

- **키우기**

1 허브 전문 꽃집에서 모종을 구입한다.
2 양지에서 잘 자란다.
3 토양을 가리지 않는다.
4 수분은 보통으로 공급한다.
5 남부 지방에서 노지 월동 가능.

중앙아메리카에서
온 세이지 꿀풀과 관목성여러해살이풀 *Salvia leucantha* 60~200cm

멕시칸세이지(멕시칸부시세이지)

꽃

멕시코와 중미에 분포한다. 줄기는 높이 60~200cm 내외로 자란다. 버드나무 잎과 비슷한 잎의 길이는 10cm 정도이고 잎의 표면에는 쭈글쭈글한 주름이 발달해 있다.

① 잎
② 전초

　꽃은 보라색 또는 라벤더색 꽃받침 속에서 흰색으로 핀다. 꽃받침은 벨벳 같은 융모가 있다. 꽃의 길이는 2~5cm, 늦여름에서 가을 사이에 개화한다.

　식용 및 약용 여부는 알려진 내용이 없지만 가을에 꽃을 볼 수 있기 때문에 관상용으로 즐겨 심는다. 꽃대는 무게를 이기지 못하고 넘어지는 경우가 많으므로 실내에서 키울 경우 지주대가 필요하다. 꽃은 건화로 사용할 수 있고, 번식은 꺾꽂이 또는 뿌리꽂이로 한다.

파란색 꽃이 피는
꿀풀과 관목성여러해살이풀 *Salvia farinacea* 120cm

블루세이지

블루세이지는 파란색 꽃이 피는 품종에 이름 붙이는 것이 아니라 일반적으로 *Salvia farinacea* 속명에 속한 품종에서 볼 수 있다. 이 품종은 교잡종이 많은데 그 중 'Victoria' 품종이 가장 유명하다.

원산지는 멕시코와 텍사스 일대이며, 잎의 가장자리에 날카로운 톱니가 있다. 꽃은 흰색과 파란색 꽃이 같이 피는 품종, 파란색 꽃이 피는 품종, 자주색 꽃이 피는 품종이 있다.

'Victoria' 품종의 경우 성장 속도가 빠르지만 꽃대가 무게를 이기지 못하고 쓰러지는 경우가 많아 덩굴 식물처럼 관리해야 한다. 꽃은 늦여름~가을에 피고, 번식은 종자·꺾꽂이·포기나누기로 할 수 있다.

①전초
②잎

향초, 아로마로
사용하는 꿀풀과 상록소관목   *Lavandula x Heterophylla*   60~120cm
스위트라벤더

스위트라벤더 꽃

    1880년경 프랑스 남부에서 *Goodwin Creek* 종묘상이 발견한 스위트라벤더는 *L. dentata* 품종과 *L angustifolia* 품종이 자연적으로 교잡해 만들어진 잡종 품종이다. 종묘상의 이름을 따 *Goodwin Creek* 라벤더라고도 불린다.

　성장 속도가 빠를 뿐만 아니라 오랫동안 꽃이 유지되고 베란다에서도 쉽게 키울 수 있기 때문에 잉글리시라벤더에 비해 많이 보급되어 있다.

　비록 스위트라벤더라는 이름이 붙어 있지만 멘솔 함량이 높고 맛이 좋지 않아 식용으로는 적당하지 않다. 보통 건조시킨 잎을 포푸리나 베갯속에 사용하고, 에센셜 오일을 허브 양초, 허브 비누, 아로마테라피에 사용한다.

　전초는 높이 120cm 내외로 자라지만 야생상에서 발견된 품종은 높이 60cm 내외로 자란다. 잎의 가장자리에 약간의 부드러운 톱니가 있지만 톱니가 없는 경우도 있다. 꽃에서는 보통의 라벤더 꽃과는 조금 다른 꽃향기가 난다.

① 스위트라벤더 전초
② 라벤더 향수
③ 스위트라벤더 잎

키포인트

관상용 · 포푸리 · 향초 · 아로마테라피로 사용한다.

이용법
잉글리시라벤더 또는 마리노라벤더의 신선한 꽃과 말린 꽃을 차로 마시거나 날것으로 섭취하며, 스위트라벤더는 가급적 식용으로 사용하지 않는다. 에센셜 오일은 화장품, 향수, 살균, 살충, 비누의 향을 낼 때 사용한다.

약성
잉글리시라벤더 또는 마리노라벤더의 잎과 꽃에서 추출한 에센셜 오일은 진정, 불면증, 살균, 화상, 이뇨, 구풍, 두통에 효능이 있다. 살균 효능이 있는 나뭇잎을 목욕제나 허브 목욕에 사용하면 각종 흉터와 질, 항문 건강에 효능이 있다. 건조시킨 잎과 꽃을 베갯속으로 사용하면 스트레스 해소에 효능이 있다.

번식
포기나누기, 종자

키우기
1 꽃집에서 스위트라벤더 모종을 구입한다.
2 양지에서 잘 자란다.
3 토양을 가리지 않으나 높은 산성 토양에서는 성장이 불량하다.
4 수분은 보통으로 관수한다.
5 겨울에 실내에서 월동한다.

식용 라벤더로 유명한
꿀풀과 상록소관목　*Lavandula angustifolia* 'Marino'　120cm

마리노라벤더(잉글리시라벤더)

라벤더라는 이름이 붙은 식물 중 식용 가능한 품종은 잉글리시라벤더(*Lavandula angustifolia*), 마리노라벤더(*Lavandula angustifolia* 'marino'), 스파이크라벤더(*Lavandula latifolia*) 등과 하이브리드 품종인 라반디라벤더(*Lavandula x intermedia*), 코튼라벤더라고도 불리는 산톨리나(*Santolina chamaecyparissus*) 등이 있다. 이 가운데 잉글리시라벤더를 일반적으로 진짜 라벤더라

고 부르고 식용할 경우 잉글리시라벤더와 마리노라벤더를 즐겨 식용한다.

  지중해 연안이 원산지인 잉글리시라벤더의 꽃은 허브 티로 마시고, 잘 건조시킨 잎은 분말로 만든 뒤 각종 요리의 조미료로 사용한다. 또한 식물체의 강력한 살균, 진정 효과를 응용해 포푸리, 베갯속으로 사용할 수 있다. 에센셜 오일은 향료, 화장품, 양초, 비누, 방향제의 원료로 사용하므로 라벤더 품종 중에서 가장 쓰임새가 많을 뿐 아니라 다용도의 목적에 안성맞춤이다. 참고로, 시중에서 볼 수 있는 라벤더 오일은 대개 대량 재배가 가능한 싸구려의 라반더 계열의 라벤더로 만든 오일이다.

① 라벤더 분말로 소스에 맛내기를 한 샐러드
② 마리노라벤더 잎
③ 마리노라벤더로 재운 등심
④ 마리노라벤더 고추장
⑤ 마리노라벤더 된장국

키포인트

꽃 향기가 좋다. 잎을 조미료로 식용할 경우 쑥과 비슷한 쓴 맛이 난다.

● 이용법

잉글리시라벤더 또는 마리노라벤더의 신선한 꽃과 말린 꽃을 차로 마시거나 날것으로 섭취한다. 말린 잎의 프레이크는 수프, 샐러드, 스튜, 된장국, 아이스크림, 버터, 설탕, 소금, 비스킷, 빵의 맛내기, 각종 소스의 조미료로 사용하거나 육류를 재울 때 사용한다. 에센셜 오일은 외용, 아로마테라피로 사용하거나 화장품, 향수, 살균, 살충, 비누의 향을 낼 때 사용한다.

● 약성

잎과 꽃에서 추출한 에센셜 오일은 진정, 불면증, 살균, 화상, 이뇨, 구풍, 두통에 효능이 있다. 살균 효능이 있는 나뭇잎을 목욕제나 허브 목욕에 사용하면 각종 흉터와 질·항문 건강에 효능이 있다. 건조시킨 잎과 꽃을 베갯속으로 사용하면 스트레스 해소에 효능이 있다.

● 번식

종자(봄에 온실에서 파종하면 1~3개월 뒤 발아한다.) 꺾꽂이(여름에 반성숙한 줄기를 잘라 심는다.)

● 키우기

1 도매점에서 잉글리시라벤더 또는 마리노라벤더 모종을 구입한다.
2 양지에서 잘 자란다.
3 토양을 가리지 않으나 높은 산성 토양에서는 성장이 불량하다. 비옥질 토양에서 재배할 경우 오일 생산량이 낮아진다.
4 수분은 보통으로 관수한다.
5 겨울에 실내에서 월동한다.

> **부작용** | 라벤더 종류는 대부분 통경 작용을 하므로 임산부는 약용 및 외용을 피한다.

프렌치라벤더, 이탈리아라벤더라고
불리는 꿀풀과 상록여러해살이풀 *Lavandula stoechas* 0.3~1m

스패니시라벤더

스패니시라벤더(Spanish Lavender)가 정명이지만 오래 전부터 프랜치라벤더(French Lavender)와 이탈리안라벤더(Italian Lavender)라는 이름으로도 널리 알려진 식물이다.

남서유럽 원산이며 화서 상단부에 토끼 귀처럼 큰 꽃잎이 독립적으로 달려 있어 '토끼의 귀'라는 애칭이 있다.

원래는 스페인, 터키, 북아프리카 등의 지중해 연안해 분포했던 것으로 추정되는데 프랑스의 프로방스 지방과 이태리의 시골길에도 자연스럽게 퍼지면서 각 나라에서 자기 이름을 붙였다.

이름에 대한 소유권 다툼이 심해지자 그럴 바에는 종명 *stoechas*으로 부르자며 '스토에카스라벤더'라고도 부르는 경우도 있단다.

지금도 미국식 영어 사용자들은 스패니시라벤더, 영국식 영어 사용자들은 프렌치라벤더라고 알고 있을 정도로 이름이 통일되지 않았다.

아시아에서는 홋가이도의 후라노 지방에 스패니시라벤더 꽃밭을 조성해 7~8월이면 절경을 이룬다.

스패니시라벤더의 잎 길이는 1~4cm이고 회색빛의 솜털로 덮여 있다. 꽃의 색상은 보라색이거나 붉은색이지만 Lavandula stoechas var 'alba' 품종은 흰색 꽃이, *Lavandula viridis* 품종은 노란색 꽃이 핀다. 꽃의 향은 다른 라벤더에 비해 아주 강한 편이다. 국내 환경에서는 늦봄~여름에 꽃을 볼 수 있다.

이 식물은 향기가 강해 일반적으로 식용하지 않으며 약용 효과도 잉글리시라벤더에 비해 다소 떨어진다.

그러나 향이 좋고 살균력이 우수하기 때문에 관상용 및 포푸리, 아로마테라피용으로는 안성맞춤이다.

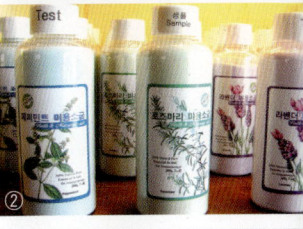

① 스패니시라벤더 꽃
② 스패니시라벤더 미용 소금

키포인트

라벤더 중에서 가장 강한 향기가 있다.

● 이용법
꽃과 잎을 포푸리로 사용한다. 꽃에서 에센스 오일을 채취해 비누, 향수, 향초, 향, 마사지, 아로마 목적으로 사용한다. 꽃과 잎을 실내에 뿌려 벼룩 같은 해충을 퇴치하거나 베갯속 재료, 매트리스 속 재료로 사용한다.

● 약성
두통, 급한 성질, 해열, 감기, 천식, 소화, 구토에 복용한다. 에센셜 오일을 각종 외부 상처, 궤양, 류마티스 통증에 외용한다. 일반 라벤더에 비해 향기와 살균력이 강하기 때문에 살균제, 공기 청정제로 사용한다.

● 번식
종자(20도 온도에서 한달 내 발아), 꺾꽂이, 휘묻이

● 키우기
1 꽃집에서 스패니시라벤더(프렌치라벤더) 모종을 구입한다.
2 양지에서 잘 자란다.
3 비옥토보다는 척박한 땅을 권장한다.
4 수분은 보통으로 관수한다.
5 대부분의 품종이 노지에서 월동할 수 없지만 일부 개량종은 중남부 지방에서 월동 가능.

깨끗한 라벤더 향이 나는
꿀풀과 상록소관목 *Lavandula dentata* 50~100cm

프린지드라벤더(프렌치라벤더)

서유럽~서아시아에 분포하는 프린지드라벤더(Pringed Lavender)는 프렌치라벤더에 속했으나 현재는 독립 품종으로 분류되었다. 그러나 프렌치라벤더를 스패니시라벤더라고 부르면서, 현재의 프린지드라벤더는 옛 이름인 프렌치라벤더라는 이름을 다시 사용하기도 한다.

프린지드라벤더 꽃

　스페인 동남부 원산의 프린지드라벤더는 꽃의 모양이 스패니시라벤더와 조금 비슷하지만 스패니시라벤더의 잎은 피침형, 프렌지드라벤더의 잎은 톱니가 있으므로 잎 모양을 보면 쉽게 구별할 수 있다.
　원산지의 건조한 지역, 바위틈에서 자생하는 프렌지드라벤더는 향과 약용 효능이 잉글리시라벤더에 비해 많이 떨어지지만 꽃의 향기가 비교적 깨끗하고 온도만 맞으면 연중 꽃을 볼 수 있다는 장점이 있다.
　또한 요리용으로 사용가능한 잉글리시라벤더와 달리 요리용으로는 적절하지 않지만 때때로 요리용으로 이 식물을 사용하는 사람들도 있고, 유럽의 일부 지방에서는 이 식물의 꽃을 식용 라벤더(잉글리시라벤더)처럼 취급하는 경우도 있다.
　깨끗한 향기의 꽃은 나비와 벌에게 인기가 많으므로 밀월 식물로 적당하다. 건조시킨 잎과 꽃은 포푸리, 베갯속으로 안성맞춤이고, 에센셜 오일은 향수, 화장품, 향초, 비누, 향을 제조할 때 사용한다. 상처에는 에센셜 오일을 외용한다.
　번식은 종자와 꺾꽂이로 할 수 있지만 모종을 구입한 뒤 키우는 것이 더 좋다. 양지에서 잘 자라며 산성 토양이나 비옥토보다는 척박한 땅에서 키우는 것이 좋다.

고사리 잎처럼 갈라지는
꿀풀과 상록소관목 *Lavandula pinnata* 30~90cm
피나타라벤더

포르투갈 카나리아 제도의 '란자로테 섬'과 카나리아 제도 북쪽 마데이라 제도의 '마데이라 섬' 원산이다. 위치적으로는 아프리카 대륙 북서쪽 해안에 있는 섬들이다. 잎이 고사리 잎처럼 갈라지기 때문에 '고사리라벤더' 또는 '레이스라벤더'라는 별명이 있다.

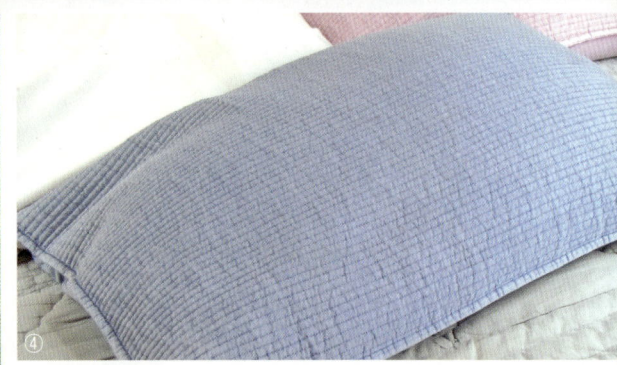

① 피나라타벤더 잎
② 피나타라벤더
③ 라벤더 오일 비누
④ 라벤더의 말린 잎을 넣은 라벤더 베개

　　잎은 고사리 잎처럼 갈라지고 회색빛을 띤다. 꽃은 보라색, 파란색 등이 있고 일반 라벤더에 비해 비교적 꽃의 크기가 크다. 향이 강하지 않기 때문에 잎을 보기 위한 관상용으로 즐겨 심는다.

미식가가 즐겨 선택하는
타임 (레몬타임, 그린타임)

꿀풀과 여러해살이풀 *Thymus vulgaris* 30cm

타임은 요리용의 커먼타임과 레몬타임, 캐러웨이 향이 나는 캐러웨이타임 등의 여러 가지 품종이 있으므로 구별하기가 어려운 편이다. 우리나라에서 자생하는 백리향과 비슷한 식물이라고 생각하면 편리

레몬타임, 로즈마리로 재운 양갈비스테이크

하다.

요리 및 약용으로 인기 있는 커먼타임(*Thymus vufgaris*)은 지중해가 원산지이며 '블랙타임', '잉글리시타임', '가든타임' 이라고도 불린다. 높이 10~20cm 내외로 자라며, 타원형의 잎은 마주나고, 잎의 색상은 짙은 녹색이다. 꽃의 5~10월에 개화하고, 백리향 꽃과 비슷하다.

레몬타임(*Thymus x citriodorus*)은 잡종의 하나이지만 향이 커먼타임처럼 강하지 않아 요리용으로 즐겨 사용한다. 서양의 미식가들이 즐

① 커먼타임
② 골드레몬타임과 꽃
③ 타임 가루
④ 커먼타임 꽃
⑤ 타임 가루가 함유된 빵

겨 선택하는 미식가를 위한 식용 허브 중 하나. 집 근처 꽃집에서도 쉽게 구할 수 있는 품종이다.

캐러웨이타임(Thymus herba-barona)은 산형과 식물인 캐러웨이와 비슷한 향이 나는 품종을 말하며, 약용 및 식용으로 사용할 수 있다.

타임은 공통적으로 고대 이집트인들이 방부제로, 고대 그리스인들이 목욕제나 벌레를 퇴치하는 훈증제로 사용하였다.

고대 로마에서는 술과 치즈의 향미를 돋울 때 사용, 요리용 허브로

알려지기 시작하였고, 중세 시대에는 타임허브 티가 불면증과 악몽을 쫓고 우울증에 도움을 준다고 믿었다.

타임의 강한 향기는 꿀풀과 식물에 흔히 함유되어 있는 티몰(Thymol) 성분 때문인데 이 성분은 방부·구충·살균에 효능이 있다. 예를 들어 싱싱한 잎을 잘게 썰어 세면대에 담그고 손을 씻으면 살균에 효능이 있다.

세계적으로 약 20여 품종이 있는 타임은 대부분의 품종이 먹을 수 있는 식용 또는 약용이다.

우리나라 자생종인 백리향(Thymus quinquecostatus)도 타임과 비슷한 방식으로 식용 및 약용할 수 있다.

키포인트

건조시킨 잎을 프레이크처럼 잘게 부수어 조미료로 사용한다. 맛은 쌉싸래하고 톡 쏘는 매운 맛, 특유의 상큼한 타임 향이 난다. 꽃집에서 쉽게 구할 수 있는 품종이며 대개 레몬타임 품종을 구입하면 된다.

● 이용법

싱싱한 잎은 요리 장식으로 사용한다. 싱싱한 잎 또는 말린 잎은 허브 티로 마시거나 포푸리를 만든다. 건조시킨 잎을 로즈마리 등과 향신료 다발(부케가르니)을 만들어 육류를 삶거나 재울 때 사용하면 육류의 잡냄새를 제거한다. 타임 잎으로 만든 분말은 특별히 양고기 요리에 가장 좋고, 닭고기, 달걀 요리, 토마토 요리, 버섯 요리, 호박 요리와도 어울린다. 또한 오리, 생선, 양파, 수프, 스튜, 소스, 와인 요리 등의 요리에도 어울릴 뿐 아니라 제과·제빵에도 사용할 수 있다. 일반적으로 요리 초기 과정—육류를 재우는 등의 작업에 추가해야 하지만 샐러드에 가루를 솔솔 뿌려 먹거나 생선 구이, 햄버거 패티에 소량 뿌려 먹어도 나름 괜찮다. 오일은 비누, 치약, 향수 제조에 사용하거나 방충제, 손 소독제로 사용한다.

● 약성

살균, 방부, 구충, 항균, 항생에 효능이 있다. 허브 티는 기관지염, 천식, 기침에 효능이 있다. 살균력이 강한 오일을 과다 섭취하면 부작용이 발생하므로 약용하지 않으며, 보통 희석된 오일은 각종 피부 질환에 외용한다.

● 번식

종자, 꺾꽂이, 휘묻이

● 키우기

1 꽃집에서 레몬타임 또는 커먼타임(잉글리시타임) 모종을 구입한다.
2 양지에서 잘 자란다.
3 토양을 가리지 않는다.
4 수분은 보통으로 관수하거나 조금 건조하게 관수한다.
5 겨울에 노지에서 월동한다.

▲ 타임으로 맛을 낸 토마토 스튜 덮밥 ▼ 타임, 바질, 오레가노, 파슬리로 맛을 낸 토마토 소스로 만든 파스타

매운 맛을
증가시키는 꿀풀과 여러해살이풀 Origanum vulgare L. 20~120cm
오레가노 & 그릭오레가노

   오레가노는 여러 가지 품종이 있는데 모두 식용 및 조미료로 사용할 수 있다.

   이 가운데 핑크색 꽃이 피는 키르키스탄 원산의 오레가노는 '러시안오레가노'라고도 불리고, 그릭오레가노는 '이탈리안오레가노'라고도 불린다.

   러시안오레가노(*Origanum vulgare gracile*)는 키르키스탄, 아나톨리아, 이란, 아프카니스탄, 파키스탄 등에 분포한다.

   줄기와 잎에 핑크빛이 돌고 잎은 다른 품종과 달리 광택이 조금 있다. 높이 80cm 내외로 자란다.

①

6~7월에 개화하는 꽃의 색상은 흰색이거나 핑크빛이 돈다. 건조시킨 잎을 잘게 분쇄해 조미료로 사용하는데 잎을 씹으면 톡 쏘는 맛과 매운 맛이 난다. 생명력이 왕성하기 때문에 관상용으로 즐겨 심는다.

터키오레가노 또는 크레타오레가노라고 불리는 *Origanum vulgare onites* 품종은 전체적으로 매운 풍미가 강하다.

시리아오레가노인 *Origanum vulgare syriacum* 품종은 그릭오레가노와 풍미가 거의 비슷하다.

① 오레가노, 파슬리 프레이크를 뿌린 해물 스파게티
② 오레가노 꽃
③ 러시안오레가노
④ 오레가노 잎

⑤ 그릭오레가노
⑥ 그릭오레가노 잎

그릭오레가노(*Origanum vulgare hirtum*)는 오레가노 품종 중 가장 활용성이 높은 식물로서 여러 가지 요리에 다목적으로 사용한다.

그릭오레가노의 줄기는 높이 1m 내외로 자라지만 쓰러지는 경향이 있다. 잎은 어두운 녹색이고 솜털이 발달해 있다. 잎의 크기는 러시안오레가노에 비해 왜소한 편이다. 오레가노 품종 중에서 일반적으로 조미료 용도로 가장 많이 사용하는 식물이다.

오레가노는 공통적으로 입술 모양의 자잘한 꽃이 모여 달리고, 건조시킨 잎을 분말로 만들어서 각종 요리의 조미료로 사용한다. 원종은 대개 풍미가 강하지만 교배종은 풍미가 마일드한 경우가 많다.

미국에서는 피자에, 터키에서는 양고기, 케밥, 바비큐에 오레가노를 넣는다. 오레가노는 육류 요리와 생선 요리에 잘 어울리지만 그릭오레가노처럼 그리스풍 샐러드에 넣기도 한다. 오레가노는 쇠고기 같은 각종 육류를 삶을 때 육류의 잡냄새를 제거하는 용도로 사용하기도 한다.

오레가노의 이름은 그리스어 *Origanon*에서 유래되었는데 말 그대로 '매운 맛의 허브' 라는 뜻이다.

키포인트

육류, 생선 요리, 각종 소스에 사용하는데 톡 쏘는 후추 맛이 난다.

● **이용법**

싱싱하고 어린 잎은 샐러드, 허브 티로 마시거나 조리해서 섭취한다. 분말 조미료는 미국 또는 이태리식 피자, 튀김, 육류, 생선, 야채 구이, 냄비 요리, 콩 요리, 스파게티 소스(특히 크림 스파게티 소스)에 사용한다. 양 구이, 바비큐, 케밥 등 터키식 육류 요리에서 주요 향신료이다. 한식의 생선 구이, 볶음 요리에도 소량 넣을 수 있다. 주로 매운 음식을 더 강한 풍미로 높일 때 좋다. 에센셜 오일을 몇 방울 떨어뜨리면 치통에 효능이 있다. 오일은 아로마테라피, 비누, 향수, 목욕제, 베갯속의 재료로 사용한다.

● **약성**

항산화, 위장, 항균, 살균, 담즙, 감기, 소화 불량, 복부 가스, 불면증, 진정, 각종 호흡기 질환에 효능이 있다. 관절염에는 외용한다. 민트류 식물이므로 임산부는 약용하지 않는다.

● **번식**

종자, 포기나누기

● **키우기**

1 봄에 허브 전문 꽃집이나 도매상에서 오레가노 모종을 구입한다.
2 양지~반그늘에서 자란다.
3 토양을 가리지 않으나 약간의 알칼리성 토양을 좋아한다.
4 수분은 보통으로 관수한다.
5 강원도 일부 지역을 제외한 전국에서 노지 월동 가능하다.

샐러드 드레싱, 칠면조
요리에 사용하는 꿀풀과 한해살이풀/소관목 *Origanum majorana* 30~60cm

마조람(스위트마조람)

오레가노에 비해 우아하고 순한 맛을 보여 주는 식용 허브이다.

일반적으로 마조람을 구하지 못할 때 야생에서 자라는 오레가노를 사용하는데 이 때문에 오레가노에는 '와일드마조람'이라는 별명이 붙었다.

이 때문에 일부 사람들이 오레가노(와일드마조람)과 진짜 마조람을 혼동하기 시작하였고 이로 인해 진짜 마조람에는 특별하게 '스위트마조람'이라는 별명을 붙여 오레가노와의 혼동을 막았다. 따라서 허브 식물원에서 볼 수 있는 스위트마조람은 마조람과 같은 식물이란 뜻이다.

마조람은 풍미가 순하고 우아하기 때문에 오레가노와 달리 채소나 샐러드 드레싱을 만들 때도 사용할 수 있는 식용 허브이다.

아프리카 북부, 터키, 서남아시아 원산이며 지중해에서 귀화했다. 터키에서는 해발 1,500m 이하 산지의 암석 지대에서 흔히 자란다.

네모진 줄기는 높이 30~60cm 내외로 성장하고 꽃이 필 때면 상단부 무게 때문에 쓰러지는 경향이 있다. 잎은 마주나고 자잘한 솜털이 있다.

지름 1.3cm 정도의 원형 꽃머리에는 길이 0.3cm 정도의 자잘한

▲ 마조람의 꽃　　▼ 마조람 프레이크를 치즈에 솔솔 뿌린 햄버거

① 전초
② 잎
③ 꽃

꽃이 절삭 도구의 톱니 모양처럼 달린다.

   그리스에서는 스위트마조람이 행복을 상징하기 때문에 결혼식과 장례식 화환으로 사용하는 풍습이 있다.

   또한 가정에서 식용 허브 정원을 꾸밀 경우 로즈마리, 세이지, 파슬리와 함께 반드시 재배해야 할 요리용 허브이다.

키포인트

타임, 세이지, 오레가노를 혼합한 듯한 우아한 향미가 있다. 가금류, 독일식 소시지, 야채 요리에 좋으며 요리의 마무리 시점에 첨가한다.

● 이용법
싱싱한 잎과 건조시킨 잎은 차로 마신다. 다른 허브와 달리 말린 잎에도 고유의 향이 남아 있다. 스파게티 소스, 라쟈나 요리, 가지 요리, 치즈 요리, 토마토 요리, 샐러드 드레싱, 채소 요리, 콩 요리, 제과·제빵의 맛내기로 사용한다. 때때로 닭 요리 같은 가금류 요리의 소스를 만들 때 사용한다. 피자에는 프레이크를 흩뿌리는 방식으로 사용하고, 칠면조 요리의 소스에는 반드시 넣어야 한다. 독일에서는 소시지의 맛내기로 사용하는 중요한 향신료이다.
건조시킨 잎은 포푸리, 베갯속으로 사용하고, 오일은 향수의 재료가 된다. 씨앗은 각종 드링크의 맛내기에 사용한다. 또한 아로마테라피, 향수, 비누, 샴푸 재료로 사용한다. 전초는 양봉통을 소독할 때 사용한다.

● 약성
호흡기 질환, 강장, 살균, 발한, 월경 촉진, 소화 불량, 거담, 두통, 불면증, 불안증에 효능이 있다. 오일은 관절염, 염좌, 타박상, 근육 이완에 외용하거나 식용한다. 민트류 식물이므로 임산부는 약용을 피한다. 약용할 경우 끓인 물 1컵에 싱싱한 잎 4분의 1컵 또는 건조시킨 잎 2티스푼을 넣어 우려 마신다. 하루에 1잔, 일주일 이상 마시지 않는다.

● 번식
종자, 꺾꽂이, 포기나누기

● 키우기
1 봄에 허브 전문 꽃집에서 마조람(스위트마조람) 모종을 구입한다.
2 양지~반양지에서 잘 자란다.
3 수분은 보통보다 빈번하게 관수하며 건조하지 않도록 한다.
4 토양을 가리지 않는다.
5 겨울철에 실내로 옮긴다.

주방의 황제
꿀풀과 한해살이풀 *Ocimum basilicum* 30~130cm

바질(스위트바질)

인도 원산이지만 이태리 요리 등의 서양 요리에서 빼 놓을 수 없는 향신료 식물이며, '주방의 황제'라고 불러도 손색없는 식용 허브이다. 식물원에서는 '스위트 바질'이라는 이름표를 달고 있는 경우가 많지만 요리사들에겐 바질(*Basil*)이란 이름으로 널리 알려져 있다.

잎의 맛은 톡 쏘는 향미가 있고 품종에 따라 달콤한 향기가 나는 경우도 있다. 잎은 요리 데코레이션으로도 즐겨 사용하며, 샐러드로도 섭취할 수 있다.

바질의 네모진 줄기는 품종에 따라 높이 30~130cm로 자란다. 잎의 길이는 3~11cm 정도이다. 흰색의 꽃은 입술 모양이고 보통 여름

바질로 맛을 내고 바질 · 파슬리 잎을 올린 크림스파게티

▲ 바질 꽃　　　▼ 바질·오레가노·스위트칠리·우스타 소스로 맛을 낸 잠발라야 치킨

① 바질 전초
② 바질 잎
③ 바질·로즈마리 또띠아
④ 바질 터키빵

에 개화하지만 온실에서 키울 경우 겨울에 개화하기도 한다.

품종에 따라 맛이 다른데 일반적으로 이태리 요리에서는 스위트바질을, 동남아시아 요리에서는 해당 국가에서 쉽게 구할 수 있는 태국바질이나 레몬바질을 사용한다. 동남아시아권에서는 인도, 베트남, 태국, 캄보디아, 대만 등의 요리 향신료로 흔히 사용된다.

스위트바질은 정향 냄새가 나고, 레몬바질은 레몬 향이 나므로 요리에서의 쓰임새가 품종에 따라 조금 다르다.

바질(Basil)의 이름은 그리스어 *basileus*(황제)에서 유래되었으므로, 오래 전부터 주방에서 인기 있는 허브임을 알 수 있다.

키포인트

대부분의 소스 요리에 사용한다.
향이 날아가는 것을 막기 위해 요리 마지막에 첨가한다.

● **이용법**

싱싱한 잎을 샐러드로 먹거나 요리 장식용으로 사용한다. 싱싱한 잎 또는 건조시킨 잎을 차로 마신다. 잎, 프레이크, 분말을 스파게티 소스, 카레, 하이라이스, 토마토 요리, 콩 요리, 고추 요리, 가지 요리, 프라이드치킨 등의 맛내기로 사용한다. 잎의 정유는 머스타드 소스 등에 사용한다. 에센셜 오일은 향수, 말린 잎은 해충 퇴치, 잎을 짓이겨 바르면 모기 퇴치, 뱀에 물린 상처에 효능이 있다.
잎이나 씨앗을 물에 담그면 나오는 점액질은 샤베트, 여름 음료, 아이스크림의 맛내기로 사용한다. 씨앗 분말은 제과·제빵에 사용한다. 레몬바질은 생선 튀김 등에 사용한다.

● **약성**

약용할 경우 건조시킨 잎 2티스푼을 차로 우려 마신다. 위통, 소화제, 신경 과민, 최유제, 장염, 두통, 불면증, 우울증, 피로 회복, 류마티스 관절염, 거식증, 가려움증, 말라리아에 효능이 있다. 여드름에는 외용한다.

● **번식**

종자

● **키우기**

1 큰 꽃집이나 허브 농원에서 바질(스위트바질) 모종을 구입한다. 쓰임새가 많아 허브 전문 식물원에서는 1년 내내 모종을 판매한다.
2 양지~반그늘에서 잘 자란다.
3 토양을 가리지 않는다.
4 수분은 보통으로 관수한다.
5 겨울에는 실내로 옮긴다.

> **부작용** | 스위트바질에는 약간의 발암 가능 물질이 함유되어 있으므로, 임산부와 어린 아이는 에센셜 오일의 섭취를 피한다.

차로 인기 있는 꿀풀과 여러해살이풀 *Melissa officinalis* 70~150cm

레몬밤(멜리사)

  남유럽, 지중해 원산의 레몬밤은 잎에서 레몬 향이 난다고 하여 이름 붙었다. 멜리사(*Melissa*)라는 속명은 이 식물을 벌들이 좋아하기 때문에 붙은 이름인데 그 기원은 그리스 신화에서 유래되었다.

  아버지 크로노스의 눈을 피해 산 속 동굴에서 숨어 지냈던 제우스는 여러 요정들의 도움으로 자라는데 이 때 벌을 키우던 멜리사라는 요정은 꿀로, 그의 언니 아말테아는 산양의 젖으로 제우스를 양육하였다. 그만큼 벌과 관련이 많은 이 식물은 이미 고대 그리스 시대부터 중요한 밀월 식물로 사용되었다.

  줄기는 네모지고 높이 80~150cm 내외로 자란다. 잎은 난형이고 길이 8cm, 가장자리에 톱니가 있고, 잎자루에는 솜털이 있다. 꽃은 늦여름에 흰색이나 연한 청색으로 개화한다.

  관상용 및 약용으로 인기가 많은 레몬밤의 잎은 조미료나 허브 티로 마실 수 있다.

① 레몬밤 전초
② 레몬밤 꽃
③ 레몬밤 호밀빵

▲ 꽃　　　▼ 레몬밤 차

키포인트

잎에서 레몬 향이 난다. 음료, 생선 요리의 향신료로 사용한다.

● 이용법

싱싱한 잎과 건조시킨 잎을 허브 티로 마신다. 싱싱한 잎은 칵테일, 과일 요리의 데코레이션으로 사용한다. 분말은 생선 요리, 과일 요리, 파스타 소스, 수프, 여름 음료, 아이스크림, 샐러드, 제과·제빵의 맛내기로 사용한다.
한식의 생선 구이, 볶음 요리에도 사용하는데 최소량만 첨가해도 톡 쏘는 맛이 추가된다. 잎을 피부에 문지르면 모기를 퇴치할 수 있다. 에센셜 오일은 아로마테라피에 사용하거나 개미 같은 해충을 퇴치한다.

● 약성

항균, 항바이러스, 살균, 강장, 감기, 복부 가스, 해열, 두통, 불안 완화, 진정, 우울증, 정신 건강, 불면증에 효능이 있다. 알츠하이머 등의 치매성 병을 예방한다. 갑상선 항진을 억제하는 데 효능이 있다. 헤르페스 감염증, 포진, 벌레 물린 상처에는 외용한다.
민트류 식물이므로 임산부는 에센셜 오일 형태로의 약용 및 외용을 피한다. 갑상선 항진을 억제하므로 반대 증세인 갑상선 저하 환자는 과다 섭취를 피한다.

● 번식

종자(봄·가을), 꺾꽂이, 포기나누기

● 키우기

1 허브 전문 식물원 또는 도매상에서 레몬밤 모종을 구입한다.
2 양지~반그늘에서 자란다.
3 토양을 가리지 않으나 촉촉한 사질 토양을 좋아한다.
4 수분은 보통으로 관수한다.
5 강원도와 경기도 일부 지역을 제외하면 노지에서 월동한다.

중세 유럽 서민 가정의
3대 허브 꿀풀과 여러해살이풀 *Marrubium vulgare* 30~90cm
허하운드

허하운드 꽃

유럽, 북아프리카, 서아시아 원산의 꿀풀과 식물인 허하운드는 고대 그리스 시대부터 약용 허브로 사용되었고, 중세 유럽의 민간에서는 3대 허브 식물로 알려져 가정에서 흔히 키웠다. 또한 유대인 사이에서는 유월절에 먹는 5개의 쓴 허브 중 하나라고 알려져 있다. 유럽

① 허하운드 전초
② 허하운드 성분이 함유된 리콜라 캔디

민속 의학에서는 각종 염증 치료에 약용하거나 외용하였고, 유럽 종교에서는 악귀를 쫓는 행사 등에 사용한 기록이 있다. 현대에 들어와서는 박하 맛 캔디 제조에 사용하기도 한다.

줄기는 30~90cm 정도로 자란다. 잎은 회록색이고 길이 2~4cm, 잎맥은 깊은 주름처럼 패이고 솜털 같은 털이 덮여 있고, 싱싱한 잎을 씹으면 쓰디쓴 박하 향이 난다.

흰색의 입술 모양 꽃은 마디 부분에서 둥글게 모여달리는데 언뜻 보면 박하 꽃과 비슷하다.

민트 계열 허브는 대부분 약효가 좋은 식물이 많지만 부작용을 초래하는 식물도 많다. 미 FDA는 여러 증세의 완화 증거를 찾지 못해 허하운드를 몇몇 병증에서의 약용을 금하고 있으나 멕시코에서는 당뇨 치료 목적으로 사용하기도 한다.

‖팁 박스‖ 중세 유럽의 서민들이 키운 가족 상비약 3대 허브

약용 식물을 구하기 힘들었던 중세 서민들이 가정에서 상비약처럼 키운 3대 식물은 '휘버휴', '캐모마일', '허하운드'이다. 구하기 쉽고 추운 겨울에도 월동이 가능하다는 공통점이 있다.

키포인트

쓴 맛이 많기 때문에 일반적으로 식용보다는 약용 목적으로 사용한다.

● 이용법
감기 치료 목적으로 어린 잎을 차로 마신다. 약용할 경우 잎을 달여서 복용한다. 졸인 물에 꿀을 가미해 엿처럼 캔디를 만들어 먹는다.

● 약성
식물체에 쓴 맛의 Marrubium, 지방, 설탕, 탄닌, 밀랍 등의 성분이 있다. 소화, 발한, 인후통, 염증, 해독, 복통, 근육 경련, 기관지염, 천식 거담에 잎을 달여 먹거나 각종 시럽으로 먹거나 갈아 마신다. 독일에서는 속쓰림, 식욕 부진 등에 약용을 허용하는데 싱싱한 잎 2~6큰스푼을 1일 3회 복용한다. 중세 유럽의 민간에서는 건조시킨 분말을 앞의 몇몇 병세를 치료하기 위해 1~2g씩 1일 3회 복용한 기록이 있다. 복용량을 늘리면 설사를 유발하는 하제(변통제) 효능이 있다.

● 번식
종자(발아 온도 20~25도), 꺾꽂이

● 키우기
1 허브 꽃집에서 봄에 모종을 구입하거나 인터넷에서 씨앗을 구입한다.
2 양지를 좋아한다.
3 토양을 가리지 않으며 척박한 토양에서도 성장이 양호하다.
4 수분은 보통으로 공급하거나 조금 건조하게 관수한다.
5 겨울에 노지에서 월동한다.

> **부작용** | 동물 실험 결과 저혈당, 저혈압, 비정상적 심장 박동, 유산을 유발한 기록이 있으므로 과다 복용에 주의해야 하며 임산부는 약용을 피한다. 또한 박하(민트) 계열 식물에 알레르기가 있는 사람은 약용하지 않는다. 당뇨 치료 목적일 경우 부작용이 발생할 수도 있으므로 전문가의 지시하에 약용한다.

북미 인디언들의
약용 식물 꿀풀과 여러해살이풀 *Monarda didyma* 70~150cm

베르가못(오스위고 차, 스칼렛 비밤)

베르가못 꽃

미국 동부 지역 원산이다. 네모진 줄기는 높이 1.5m 정도로 자라고 잎은 마주난다. 잎의 길이는 6~15cm 내외, 잎의 가장자리에는 엉성한 톱니가 있다. 꽃머리의 크기는 3~4cm 정도, 빨간색, 분홍색의 입술 모양 꽃이 둥글게 모여 달린다.

오스위고 차(Oswego Tea)라는 이름은 미국 식물학의 아버지인 존 바트람이 이 식물을 뉴욕 근처 인디언 정착촌 Oswego에서 발견한 뒤 차를 마시면서 이름 붙였는데, 차의 향미는 얼그레이 차의 풍미와 비슷하다.

참고로, 얼그레이 차의 풍미를 높이기 위해 사용하는 베르가못 오일은 이 식물이 아니라 지중해산 베르가못 오렌지나무(Citrus bergamia)를 증류한 오일이다. 베르가못(오렌지나무) 오일은 중국 차의 풍미를 돋울 때 사용하는데 이를 얼그레이 차라고 말한다. 이 허브의 이름을 베르가못으로 지은 것은 아마도 이 허브 잎으로 만든 차의 풍미가 베르가못(오렌지나무) 오일을 가미한 얼그레이 차와 비슷한 풍미를 보여 주기 때문일지도 모른다.

① 옷장 방향제
② 분홍색 꽃 품종
③ 보라색 꽃 품종

키포인트

꽃과 잎을 식용하는데, 톡 쏘는 박하 향이 난다.

● 이용법
싱싱한 꽃과 잎을 날것으로 섭취하거나 조리해서 먹는다. 꽃은 샐러드의 고명으로도 좋다. 싱싱한 꽃과 건조시킨 잎 모두를 허브 티로 마신다.
건조시킨 잎은 포푸리, 옷장 방향제를 만들고 에센셜 오일은 향수, 화장품을 만들 때 사용한다.

● 약성
꽃이 피기 전 잎과 꽃줄기를 수확해 약용한다. 살균, 복부 가스, 소화 불량, 거담, 구충, 해열, 이뇨에 효능이 있다. 에센셜 오일은 피부 발적제, 류마티스 관절염에 외용한다.

● 번식
종자, 포기나누기

● 키우기
1 허브 전문 꽃집에서 봄~가을에 베르가못 모종을 구입하거나 종묘상에서 씨앗을 구입한다.
2 양지~반그늘을 좋아한다.
3 유기질의 토양을 좋아한다.
4 수분은 보통으로 관수한다.
5 전국에서 노지 월동 가능.

베르가못 오렌지나무 향이 나는 방향제

노화 방지 효능이 있는 슈퍼버글(아주가)

꿀풀과 상록여러해살이풀 *Ajuga reptans* 30~60cm

슈퍼버글 꽃

세계적으로 50여 품종이 있으며 대부분 유럽, 영국, 서남아시아, 북아프리카에서 분포한다. 흔히 아주가라고 불리며 이 중에서 *Ajuga reptans*라는 품종을 '버글' 또는 '슈퍼버글'이라고 부른다. 유사종들은 잎에 무늬 변화가 많은 여러 가지 품종이 있다.

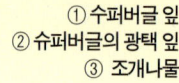

① 슈퍼버글 잎
② 슈퍼버글의 광택 잎
③ 조개나물

잎술 모양의 꽃은 4~7월에 피고 자주색, 파란색, 붉은색, 흰색 꽃이 핀다. 높이 10~15cm의 꽃줄기(화서)에서 자잘한 꽃이 돌려난다. 이 꽃은 벌과 나비가 좋아한다.

잎의 길이는 5~8cm, 넓이 3~4cm 정도이며 넓은 타원형이고 가장자리에 완만한 톱니가 있다.

잎의 색상은 녹색, 암갈색 등이 있고 잎맥이 깊게 패여 있다.

줄기는 네모지며 긴 꽃대가 올라오고 뿌리가 사방으로 뻗어 지표면을 덮는 효과가 있어 반그늘이나 온실의 지피 식물로 흔히 키운다.

우리나라의 '조개나물'은 줄기와 잎에 털이 많지만 슈퍼버글(아주가)은 줄기에 털이 적거나 거의 없으므로 쉽게 구별할 수 있다. 유럽에서는 예로부터 정평이 난 약용 식물이었다.

키포인트

어린 잎은 식용하고, 건조시킨 전초는 약용한다.

• 이용법

잎을 차로 마실 경우 쓰고 떫은 느낌의 수렴성 성질이 있다. 잎을 아로마 용도로 사용하거나 목욕제로 사용하면 노화 차단, 피부 활성화에 도움을 준다. 최근 국내에서도 아주가 성분이 함유된 스킨 화장품이 개발되어 노화 방지용 화장품으로 판매되고 있다. 가정에서 화장품 용도로 사용할 경우 아주가 즙과 꿀을 혼합해 사용한다.

• 약성

꽃이 질 무렵(노지에서 키울 경우 6월경) 잎을 수확해 건조시킨 뒤 달여 먹는다. 감기, 해열, 강심, 구강 염증, 후두염, 알코올 중독에 효능이 있다. 약용할 경우 1 티스푼의 분말을 1컵의 물에 끓여 1일 3회 복용하거나 60g의 건조시킨 잎을 1 리터의 물에 끓여 마신다. 또는 팅크제를 1일 3회 각 1~2ml 정도 복용한다. 외용할 경우 싱싱한 잎이나 즙액을 사용하는데, 예를 들어 목수가 못에 찔렸을 때 출혈을 막는 응급 조치 용도로 사용하기도 한다.

• 번식

봄, 가을에 종자를 파종하면 영상 10도 온도에서 20~30일 뒤 발아한다. 포기나 누기 번식도 가능하다.

• 키우기

1 허브 전문 꽃집에서 아주가(슈퍼버글) 모종을 구입한다.
2 양지~그늘에서 성장한다.
3 부식질의 비옥한 토양을 좋아한다.
4 수분은 보통으로 공급하며 건조한 음지에서도 성장이 가능하다.
5 중부 지방은 실내 월동, 남부 지방에서는 일부 노지 월동 가능.

미의 여신 아프로디테의 허브
꿀풀과 상록여러해살이풀 *Rosmarinus officinalis* 1~2m

로즈마리

지중해 원산이며 속명 *Rosmarinus*는 라틴어 이슬(ros)과 바다(marinus)에서 유래되어 이름 붙었다. 대부분의 로즈마리 품종이 바다에서 불어오는 습도(바다의 이슬)만으로도 성장할 정도로 물 없이도 잘 견디는 식물이다.

로즈마리 잎은 두툼한 솔잎처럼 생겼고 줄기 하단은 목질화되어 반관목성 성질이 있다.

줄기는 높이 1.5~2m 내외로 자라고 덤불처럼 휘어 자라는 성질이 있다. 잎의 길이는 2~4cm, 꽃은 봄~여름에 입술 모양의 흰색, 분홍색, 보라색, 파란색으로 개화한다. 꽃은 온실 온도가 맞으면 1년 내내 볼 수 있고 사람이 식용할 수 있다.

로즈마리는 바다의 푸른 물거품으로부터 탄생한 미의 여신 아프로디테(비너스)에게 봉헌되어 아프로디테의 허브라는 별명이 있을 정도로 여성들의 피부 미용에 좋은 허브로 알려져 있다.

또한 성모마리아가 갓난아기인 예수님의 옷을 빨아서 로즈마리 덤불에 펴서 말렸는데 이때

① 로즈마리 전초
② 로즈마리 잎

▲ 로즈마리 꽃　　▼ 로즈마리 · 월계수로 맛을 낸 오므라이스

이 식물에 예수님의 수많은 영력이 스며들면서 로즈마리에는 다른 식물과는 다른 영험한 효력이 생겼다고 알려져 있다. Rosemary의 영문 이름도 따지고 보면 Rose of Mary(성모 마리아의 장미)에서 따 온 이름이라고도 한다.

로즈마리는 알츠하이머 병이나 기억력 회복에 좋은 식물로 알려져 있는데 이는 역사적으로도 오랫동안 증명되어 왔다. 셰익스피어의 희곡 햄릿에는 오필리아의 그 유명한 "여기에 로즈마리가 있어서, 나에게 기억을 상기시켜요." 라는 대사가 등장한다.

고대 시대에는 값비싼 향 대신 로즈마리를 태워 향처럼 사용했는데 이는 중세 유럽의 풍습이 되어 로즈마리를 불태워 악령을 물리치거나 질병을 물리쳤다.

③ 로즈마리 잎
④ 로즈마리 딸기잼
⑤ 로즈마리 빵
⑥ 로즈마리 밥
⑦ 로즈마리 맛사지 소금
⑧ 로즈마리 바디워시와 샴푸 (포천 허브아일랜드)
⑨ 로즈마리 양초(포천 허브 아일랜드)

약 2,500년 전부터 식용 허브로 사용되어 온 로즈마리는 중세 유럽 시대에는 부엌 정원에 즐겨 심어 마녀를 물리치고 안주인의 영역임을 알렸다.

그 후 유럽에서의 로즈마리는 사랑, 충성, 우정, 기억력의 상징이 되어 장례식, 결혼식, 크리스마스에 로즈마리를 사용하는 풍습이 생겼고, 로즈마리로 만든 관은 젊음을 유지한다고도 믿었다.

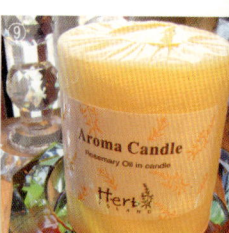

키포인트

싱싱한 잎을 섭취할 경우 톡 쏘는 강한 쓴 맛과 상쾌한 향미가 있다.

• 이용법

건조시킨 로즈마리 잎은 항산화, 식품 방부제로서의 효능이 있다. 싱싱한 잎은 요리 데코레이션으로 사용한다. 싱싱한 잎 또는 건조시킨 잎을 허브 티로 마시는데 쓴 맛이 강하다. 허브 티로 마실 경우 탠지와 잘 어울린다.
또한 과일 샐러드, 달걀 요리, 육류(특히 양고기), 소시지 요리, 드레싱, 디저트, 소스, 수프, 비스킷, 잼, 젤리, 케익의 맛내기로 사용한다. 타임, 파슬리 등의 허브와 향초 다발(부케가르니)을 만들어 육류를 삶을 때 잡맛을 제거하고 쌀 요리, 양 요리, 생선 요리의 향미를 낸다. 에센셜 오일은 향수, 비누, 헤어로션, 샴푸, 화장품의 재료가 되고, 에센셜 오일로 만든 헤어로션이나 샴푸는 모발에 도움을 주고 대머리 예방 효능이 있다. 건조시킨 잎은 향, 훈증제, 살균제, 아로마테라피, 목욕제, 노란색~녹색 염료 재료로 사용한다.

• 약성

살균, 항염증, 항산화, 흥분제, 우울증, 정신 피로, 정신 긴장, 스트레스, 강장, 복부 가스, 해열, 발한, 두통, 복통에 효능이 있고 기억력 감퇴, 알츠하이머 병, 결장암, 폐암을 예방한다. 과다 약용시 복통을 유발하므로 허브 티로 마시는 수준을 권장한다. 예를 들어 한식의 각종 볶음 요리를 할 때(2인분 기준) 말린 잎 대여섯 가닥만 넣어도 톡 쏘는 향미가 추가되어 정신 피로에 도움을 준다. 임산부는 낙태를 유발할 수 있으므로 약용을 피한다.

• 번식

꺾꽂이, 종자

• 키우기

1 꽃집에서 로즈마리 모종을 구입한다.
2 양지~반그늘에서 잘 자란다.
3 비옥한 토양을 좋아한다.
4 수분은 보통으로 관수한다.
5 일부 남부 지방에서 노지 월동 가능.

한때 만병 통치약이었던 히솝

꿀풀과 낙엽소관목 *Hyssopus officinalis* 30~60cm

유럽 남부, 지중해, 중동, 카스피해 원산의 꿀풀과 식물이다. 일반적인 꿀풀과 식물과 달리 잎이 버드나무 잎처럼 생겼다. 줄기는 높이 60cm 내외, 잎의 길이는 2.5cm 정도이다. 줄기는 하단부로 내려갈수록 나무처럼 변한다. 여름에 피는 입술 모양 꽃은 잎자루가 있는 마디 부분마다 모여서 핀다.

역사적으로 히솝은 고대 그리스에서부터 재배한 것으로 추정된다. 이름은 히브리어의 에솝(Esob)에서 유래되었으며 이스라엘에서는 악귀를 물리치는 식물로도 알려졌다. 성경에서 히솝은 우슬초라고 하여 여러 장면에서 인용되었는데 우슬초로 문둥병을 치유하는 장면이 유명하다. 그러나 성경에서 등장하는 우슬초는 히솝이 아닌 *Origanum syriacum* 속명의 식물을 지칭한다고도 한다.

히솝

키포인트

관상용, 약용, 식용 목적으로 키운다.

- **이용법**

어린 잎과 꽃은 민트와 세이지가 혼합된 향미가 있어 샐러드로 먹거나 감자 요리, 스튜에 넣어 먹는다. 건조시킨 잎은 수프, 생선 요리, 육류 요리의 맛내기로 사용하고 포푸리를 만든다. 꽃은 샐러드로 식용한다. 식물체에서 추출한 오일은 요리의 맛내기와 아로마테라피, 화장품을 만든다.

- **약성**

한때 일종의 만병 통치약으로 취급받았지만 꿀풀과 식물이므로 임산부는 약용을 피하는 것이 좋다. 강장, 기관지염, 기침, 살균, 월경 촉진, 거담, 건위, 위통에 효능이 있다. 상처에는 잎 분말을 찜질팩처럼 사용한다. 꽃을 뜨거운 물에 우려 마시거나 꽃과 잎을 달여서 약용한다.

- **번식**

종자, 포기나누기(봄, 가을)

- **키우기**

1 허브 전문 꽃집에서 모종을 구입한다.
2 양지~반그늘에서 잘 자란다.
3 토양을 가리지 않는다.
4 수분은 보통으로 관수한다.
5 전국에서 노지 월동 가능.

붕대로 사용한
식물 꿀풀과 여러해살이풀 *Stachys byzantina* 40~80cm

램즈이어

아르메니아, 이란, 터키 원산이지만 온대 지방에서 관상용으로 기르면서 전 세계에 널리 귀화하였다. 잎의 모양이 양의 귀를 닮았다고 하여 램즈이어(*Lamb's Ear*)라고 부른다.

 식용 및 약용한 기록이 있지만 잎의 질감이 독특해 현재는 식용 및 약용하는 경우가 거의 없다.

① 램즈이어 전초
② 램즈이어 잎

 네모진 줄기는 마주나고 높이 40~80cm, 꽃은 늦봄~초여름 또는 가을에 개화한다. 자잘한 흰색 또는 분홍색의 입술 모양 꽃이 다발로 모여 달린다. 이 꽃은 벌들이 아주 좋아하므로 밀월 식물로 안성맞춤이다.

 직사각형 잎은 길이 5~20cm 내외, 회록색이며 빽빽한 솜털이 있고 가장자리에 물결 모양 톱니가 흐릿하게 있다. 잎이 공단처럼 부드럽기 때문에 유아원 같은 어린이 정원과 암석 정원에 즐겨 심는다.

 역사적으로 볼 때 램즈이어는 미국 남북 전쟁 당시 지혈용 붕대 대용으로 사용하였다. 과거 카리브해의 원주민들이 진통 효과를 이용해 잎을 찜질팩으로 사용하거나 각종 상처의 출혈에 붕대처럼 사용하였다. 또한 몇몇 국가에서 치질 약으로 사용한 기록이 있지만 현재는 약용 허브로 거의 사용하지 않는다.

 잎을 씹으면 사과, 레몬, 파인애플과 비슷한 향이 나기 때문에 카리브해 원주민들은 어린 잎을 차로 마시거나 과일 샐러드에 사용하였다. 약간의 독성이 있을 수 있으므로 식용할 경우 소량 섭취를 원칙으로 한다. 잎은 포푸리로 사용하거나 노란색 염료 식물로 사용한다.

 양지~반그늘에서 자라며, 번식은 포기나누기(3~4월)와 종자로 할 수 있다. 허브 전문 꽃집에서 램즈이어 모종을 판매하므로 베란다에 암석 정원을 꾸미고 키우기에 알맞다.

포푸리로
아주 좋은 꿀풀과 상록소관목 *Prostanthera ovalifolia* 2~4m
민트부시(프로스탄데라)

민트부시꽃

호주 동부 지역 원산의 상록소관목이며, 90여 유사종이 있다.
 줄기는 높이 2~4m로 자라고, 잎의 생김새는 로즈마리 잎을 닮았다. 로즈마리처럼 생긴 잎에서는 진한 소나무 향이 난다.
 원산지에서는 가을에 분홍색 입술 모양의 꽃이 피지만 온실에서 키울 경우에는 일반적으로 초여름이나 겨울에 꽃을 볼 수 있다.

민트부시(Mint Bush)란 이름은 '박하 향이 나는 나무' 라는 뜻을 가지고 있다.

민트부시의 정유에는 멘솔(Menthol)과 시네올(Cineole) 성분이 함유되어 항균, 살균, 복부 가스에 효능이 있다. 또한 감기와 두통에는

민트부시 수형

훈증하는 방식으로 흡입하면 효능이 있다. 식용 여부는 명확하게 알려진 내용이 없지만 때때로 잎을 차로 마시는 경우도 있다.

가정에서 키울 경우 양지에서 잘 자라며, 부식질의 토양에서 성장이 양호하다. 번식은 종자, 반녹지삽, 접목으로 할 수 있고 겨울에는 노지에서 월동할 수 없다. 건조시킨 잎은 포푸리 용으로 사용한다. 흔하게 판매하는 식물이 아니므로 포천 허브아일랜드를 통해 모종의 구입이 가능한지 문의해 본다.

식용할 수 있을까?
약용할 수 있을까?

꿀풀과 여러해살이풀 *Solenostemon scutellarioides* 50~90cm

콜레우스

품종

관엽 식물로 인기 있는 콜레우스의 속명이 최근 *Solenostemon scutellarioides*으로 재분류되었다. 가정에서 화려한 잎을 감상하기 위해 키우는 콜레우스는 몇몇 품종이 뿌리 작물로 취급되면서 재배

품종

하기도 한다.

특히 인도 아유르베다 의학에서는 콜레오스에서만 볼 수 있는 독특한 물질을 약용하기도 하는데 이 품종이 바로 인도산 콜레오스인 *Plectranthus barbatus(Coleus forskholii)* 품종이다. 인도에서 대규모로 재배되는 이 식물의 뿌리로 만든 알약은 미국에서 건강 보조 식품으로 판매되고 있다.

콜레오스 중에서 식용 가능한 품종은 앞의 인도산 콜레오스인 *Plectranthus barbatus* 품종과 이디오피아산 콜레오스인 *Plectranthus edulis* 품종, 열대 아프리카 원산의 *Solenostemon rotundifolius* 품종이다. 식용 콜레오스의 뿌리는 감자처럼 식용하기 때문에 '중국감자'라는 별명이 있고, *Solenostemon rotundifolius* 품종의 경우 중부 아프리카 대부분이 재배하는 중요한 식량 자원이다. 참고로, 식용 콜레오스의 잎은 원예용 콜레오스에서 볼 수 있는 화려한 색상이 아니며, 우리나라의 깻잎과 비슷한 녹색 색상의 잎을 가지고 있는 경우가 많다.

키포인트

가정에서 관상용 및 공기 정화용으로 즐겨 키운다. 꽃의 맛은 매우 쓰기 때문에 식용이 거의 불가능하다.

● 이용법
Solenostemon rotundifolius, *Plectranthus edulis*, *Plectranthus barbatus* 품종을 식용 콜레우스로 취급하며 뿌리를 감자처럼 식용한다. 뿌리에 함유된 섬유질은 변비와 다이어트에 효능이 있다.

● 약성
인도산 콜레우스인 *Plectranthus barbatus*의 뿌리를 분말화하여 약용한다. 인도 아유르베다 의학에서는 심장, 위장, 폐의 면역 기능을 보강하거나 고혈압, 천식, 복통, 녹내장, 불면증, 변비 등에 약용한 기록이 있다. 참고로 이들 약효는 인도 전통 의학인 아유르베다에 준하는 약효이며, 임상적으로 증명된 약효는 아니다. 현대 의학에서는 최근 알츠하이머 병 치료 가능성도 연구중이다.

● 번식
꺾꽂이, 종자

● 키우기
1 허브 전문 꽃집에서 모종을 구입한다.
2 양지~반그늘에서 잘 자란다.
3 비옥한 토양에서 잘 자란다.
4 수분은 보통으로 관수한다.
5 10도 이상의 기온에서 월동한다.

잎을 비비면 좋은
향기가 나는 꿀풀과 관목성여러해살이풀 *Plectranthus tomentosa* 30~90cm
장미 허브

아프리카 남부 원산의 장미 허브는 높이 90cm까지 자라고 성장할수록 하단부는 목질화되는 경향이 있다.

두툼한 육질의 잎은 부드러운 솜털 같은 질감이 있고, 잎을 슬쩍 비비면 좋은 향기가 나기 때문에 장미 허브라는 이름이 붙었다.

꽃은 빨강, 분홍, 흰색, 파란색 등으로 피지만 꽃을 보는 것이 쉽지만은 않다.

양지~반양지에서 잘 자라며 습기 찬 토양을 싫어한다. 때때로 수분을 과잉 공급하기도 하는데 이 경우 잎이 부패할 수 있으므로 주의해야 한다. 월동 온도는 0도 이상, 번식은 줄기를 삽목하거나 물꽂이

① 장미 허브
② 잎

로 한다.

장미 허브는 식용 및 약용을 하지 않는 식물로 유명하다. 하지만 잎을 비비면 좋은 향이 나기 때문에 아로마테라피용 식물로는 안성맞춤. 예컨대 건조한 겨울철에 실내 공기를 바꾸고 싶다면 장미 허브의 잎을 짓이겨 맡아 보는데 진한 멘소레담 향기가 코끝을 자극한다.

불사의
명약 산형과 한해/두해살이풀 *Foeniculum vulgare* 1~2.5m

휀넬(회향) & 브론즈휀넬

　지중해의 바닷가와 건조지에서 자생하는 휀넬은 원산지에서는 여러해살이풀이지만 국내에서는 한해/두해살이 풀로 취급하며 우리나라와 중국에서는 '회향'이라고 한다.
　역사적으로 볼 때 휀넬은 그리스 로마 신화의 프로메테우스가 불을 훔칠 때 이 식물의 줄기를 사용한 것으로 유명하다. 휀넬의 속명인

*feniculum*도 '건초'를 의미하는 라틴어 *'foenum'*에서 유래한 것이므로 옛 유럽인들이 보기에도 불에 잘 타는 식물로 보였던 것 같다. 그리스 파피루스에도 언급된 식물이므로, 길거리에서 흔히 봤던 잡초라고 하기에는 억울한 점이 많을 것 같다.

식용 및 약용으로서의 효과가 많은 휀넬은 10세기 유럽 영문학에

① 휀넬, 타임으로 재운 닭가슴 샐러드　　②잎　　③전초

서 아홉 가지 중요한 허브로 언급되는데 이를 'Nine Herb Charm' 이라고 말하며 여기서 언급된 식물은 휀넬, 쑥, 타임, 마가렛(또는 카모마일), *Stune*(십자화과 식물인 냉이류), *Cockspur Grass*(야생 잔

④ 휀넬 씨앗 분말
⑤ 휀넬 딸기잼
⑥ 휀넬 치즈 케익빵

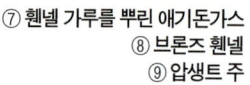

⑦ 휀넬 가루를 뿌린 애기돈가스
⑧ 브론즈 휀넬
⑨ 압생트 주

디류), *Plantain*(질경이), *Nettle*(쐐기풀류), *Wergulu*(야생 사과나무) 등이라고 한다.

주된 내용은 이 9가지 허브의 약효, 키우는 법, 식용 방법이라고 하므로 휀넬은 이미 10세기 이전 유럽에서 약용 및 식용 식물로 정평난 허브임을 알 수 있다. 쉽게 이야기하면 약간 달콤한 맛이 가미된, 당근 비슷한 식물이라 생각해도 무방해 보인다. 국내에서도 닭 요리에 씨앗을 사용하는 경우가 있고, 중국은 회향죽에 즐겨 사용한다.

휀넬의 잎은 가느란 깃 모양으로 3~4회 갈라지고 줄기 속은 비어 있다. 7~8월에 개화하는 꽃은 노란색이고 우산 모양의 자잘한 꽃이

많이 달린다. 혹 지금까지 휀넬을 보지 못한 분이 있다면 가까운 허브 식물원을 방문해 보자.

휀넬의 약용 성분은 가스 배출 등의 위장과 관련되어 있지만 식용

⑧

⑨

목적으로 더 인기 있는 식물이다. 유럽에서는 장수·자양을 상징하기 때문에 휀넬, 아니스, 쑥으로 만든 '압생트 주'를 불로 장생의 명약이라고 부른다.

그러나 압생트 주는 알코올 도수가 40~70도에 달하기 때문에 악마의 술이라는 별명과 함께 한때 금지된 술로 지목되기도 하였다.

압생트 주는 반 고호와 헤밍웨이가 특히 좋아했는데, 그 때문인지 몰라도 대공항기 배경의 탐정 소설을 읽으면 압생트 주나 마티니 같은 독주가 자주 등장을 한다. 아무래도 시대가 급변했던 대공항기 시절에는 소주처럼 싸고 독한 술이 인기 있었기 때문인 것 같다.

잎은 샐러리처럼 식용하고 열매는 분말로 만들어 맛내기 조미료로 사용한다.

키포인트

씨앗, 잎, 전초를 식용 및 약용한다. 휀넬 가루를 육류에 뿌리면 단맛과 특유의 향이 가미되어 식욕 증진에 특히 효과가 있지만 어린 잎과 줄기를 샐러드로 먹는 휀넬 다이어트도 인기 만점이다.

• 이용법

스위트 휀넬(*Foeniculum vulgare var. dulce*)의 어린 잎과 줄기를 샐러리처럼 식용하거나 각종 요리의 고명으로 사용한다. 감초처럼 단맛과 특유의 향이 있기 때문에 씨앗 분말을 사탕, 파이, 소시지, 육류, 제과, 제빵, 잼, 생선, 카레, 포도주 등 모든 요리의 맛내기에 사용하며 특히 이태리 요리에는 즐겨 사용된다.

피렌체 휀넬(플로렌스 휀넬, *Foeniculum vulgare Azoricum*)의 전구는 피클로 먹지만 이 식물도 단맛이 많이 난다. 피렌체 휀넬은 줄기 하단부에 양파처럼 둥근 전구가 발달해 쉽게 구별할 수 있다. 청동색 잎의 브론즈 휀넬(*Foeniculum vulgare 'Purpureum'*)은 'Bronze', 'Smokey' 등의 여러 가지 품종이 있으며 식용보다는 관상 및 조경용으로 사용한다.

• 약성

복부 가스 배출, 어린 아이의 배앓이, 소화 장애, 모유 개선, 만성기침, 시력 증강, 이뇨, 고혈압, 벼룩 퇴치(가루를 뿌린다.)에 효능이 있다. 고대 로마와 인도에서는 씨앗을 날것으로 섭취하면 시력이 좋아진다는 전설이 있다. 해외에서 추출물로 녹내장 치료법을 연구하여 동물 실험에서 성공하였지만, 사람을 대상으로 임상 실험을 하지 않은 상태이다.

• 번식

종자, 포기나누기

• 키우기

1 도매상이나 허브 전문점에서 모종을 구입한다.
2 양지를 좋아하므로 정원, 베란다 등에서 키운다.
3 부식질의 사질 토양에서 잘 자란다.
4 수분은 보통으로 공급한다.
5 남부 해안 지방에서는 노지 월동 가능.

채소이자 허브로 유명한 파슬리

산형과 두해살이풀 *Petroselinum crispum* 80cm

이탈리안 파슬리

이태리 남부와 북아프리카, 지중해 연안이 원산지이다. 크게 3개의 파슬리 그룹으로 나눌 수 있다.

잎이 평평한 이탈리안 파슬리(*P. crispum* var. *neapolitanum*)는 야생종에 더욱 가깝고 향미가 강할 뿐 아니라 재배가 용이하지만 주

① 파슬리 가루를 뿌린 빵
② 이탈리안 파슬리
③ 곱슬잎 파슬리

로 이태리 요리에서만 사용하는 비운의 주인공이다.

곱슬잎 파슬리(P. crispum var. crispum)는 잎이 곱슬 형태인 파슬리를 말한다. 저절로 좋은 모양을 만들기 때문에 신경 쓰지 않고도 요리 데코레이션으로 딱 안성맞춤. 이 때문에 이탈리안 파슬리보다 더 즐겨 사용하는 식물이 되었다. 곱슬잎 파슬리는 대부분의 요리사들이 요리 장식을 겸한 맛내기용으로 매우 많이 사용한다.

함부르크 파슬리(P. crispum var. tuberosum)는 당근 모양의 뿌리가 있는 파슬리를 말하며 일명 루트파슬리라고 한다. 동유럽, 중앙아시아 등의 농업 집약 국가에서 스튜, 수프, 고기 요리에 사용한다.

파슬리는 공통적으로 땅에서 뿌리잎이 로제트로 올라오고 2년째 되는 해 긴 꽃대가 올라온 뒤 꽃이 핀다. 잎의 길이는 10~25cm, 3회 깃꼴로 갈라지고, 꽃의 모양은 당근 꽃을 닮았다.

키포인트

파슬리는 강한 향미가 있으므로 대부분의 음식물에 뿌리는 방식으로 섭취한다. 다소 독성이 있으므로 오일 형태로 섭취하지 않도록 주의한다.

● 이용법
싱싱한 잎 또는 건조시킨 잎을 잘게 썰어 사용한다. 쌀 요리, 감자 요리, 리조또, 필라프, 스테이크, 생선 요리, 치킨 요리, 오리 요리, 거위 요리, 양고기 요리, 스튜, 수프, 각종 소스, 마늘빵에 파슬리 프레이크를 고명 형태로 흩뿌려 사용한다.
육류를 삶거나 재울 때 부케가르니로 만들어 육류의 잡냄새를 제거하고 향미를 돋운다. 싱싱한 잎 또는 건조시킨 잎을 허브 티로 마신다. 잎으로 만든 에센셜 오일은 음식의 향미를 낼 때 사용하기도 한다. 잎을 짓이겨서 만든 녹즙은 비듬 예방과 모기 퇴치에 외용한다.

● 약성
잎에는 비타민 C가 다량 함유되어 있다. 이뇨, 수종, 방광염, 황달, 변비, 관절염, 복부 가스, 치통, 설사제, 주근깨, 암 예방에 효능이 있다. 잎, 줄기, 뿌리를 약용하는데 신선한 잎을 녹즙으로 먹을 경우 사과 즙 같은 다른 과일 즙과 혼합하여 소량 섭취한다.

● 번식
종자(봄/가을), 포기나누기

● 키우기
1 인터넷 또는 종묘상에서 파슬리 종자를 구입한다.
2 양지~반양지에서 잘 자란다.
3 약산성 토양을 제외한 대부분의 토양에서 잘 자란다.
4 수분은 보통으로 관수한다.
5 전국에서 노지 월동 가능.

부작용 | 약용 목적으로 과다 섭취하면 간 손상, 신장 손상이 발생한다. 신장 질환 환자와 임산부의 약용을 권하지 않는다.

계피, 후추, 정향의 인기를 능가하는
향신료 식물 _산형과 한해살이풀_ *Coriandrum Sativum* 30~60cm

고수(코리안더)

고수꽃

고수가 국내에 도입된 것은 고려 시대로 추정되고 있다. '본초강목'에 의하면 금수 강산 도처에서 이 식물을 재배하였고 그리하여 탄생한 음식이 고수 잎을 초고추장에 찍어 먹는 고수강회, 잎을 쌈으로 먹는 고수쌈, 고수를 소금물에 절여 배추와 버무린 고수 김치였다.

① 고수로 향미를 내는 베트남 정통 쌀국수
② 고수의 전초

이 때문에 경상도의 제피 김치를 고수 김치가 아닐까 생각하기도 하는데 둘은 엄연히 다르다.

　남유럽, 서아시아, 북미 원산이며 우리말로는 '고수'라고 부른다. 이 식물의 영문 이름인 '코리안더'는 카레 포장지 뒷면의 성분표를 보면 항상 표기되어 있는데, 인도 카레의 주 향신료이자 매운 맛을 내기 위한 매우 중요한 향신료이기 때문이다.

　고수의 줄기는 비어 있고 높이 30~60cm 내외로 자란다. 하단

잎은 1, 2회 깃꼴로 갈라지고 상단 잎은 2, 3회 깃꼴로 갈라지는데 상단으로 올라갈수록 잎의 너비가 점점 가느다랗게 된다.

꽃은 6~7월에 산형화서로 개화하고 꽃의 모양이 특이하기 때문에 쉽게 알아볼 수 있다.

역사적으로 이 식물의 씨앗은 이스라엘의 나할 헤멜(*Nahal Hemel*) 동굴에서 발견되어 이미 신석기시대부터 인류에 의해 식용해 왔던 것으로 추정하고 있다. 또한 이집트의 투탕카멘 무덤에서 고수 씨앗이 대량 발견되기도 하여 고대 이집트는 물론 고대 그리스에서도 고수의 재배가 항시 있었던 것으로 추정되고 있다. 이집트의 고수는 뒷날 영국으로 전래되었고, 이후 영국이 미국 신대륙을 개척할 때 개척민들이 매운 맛 향신료로 첫 번째로 재배한 식물이 고수였다.

③ 고수 잎
④ 인도식 카레의 주성분인 고수

고수는 인도, 태국, 베트남, 중국, 중앙아시아의 러시아 연방국가, 멕시코 요리의 중요한 향신료이지만 식물체에서 고약한 냄새가 나기 때문에 우리나라는 물론 서양에서도 '빈대풀' 이라는 별명이 있다. 하지만 싱싱한 잎에서 나는 고약한 냄새를 참고 즐기다 보면, 고약한 냄새의 참죽나무 순을 즐기는 것처럼 중독성이 매우 강한 이 향신료에 빠져들게 된다. 중국에서는 '샹차이' 라고 말하며, 중국식 볶음 요리에 항상 사용하는 허브이다.

키포인트

싱싱한 잎은 날것으로 섭취할 수 있으나 비눗물 맛이 나고, 때때로 고약한 냄새가 난다. 일반적으로 잎은 싱싱한 상태로 먹어야 하며, 건조시킨 열매와 씨앗은 분말로 만든 뒤 향신료로 사용한다.

● 이용법
싱싱한 잎을 샐러드로 먹거나 탕, 볶음 요리, 수프에 넣어 함께 조리한다. 싱싱한 씨앗은 고약한 냄새가 나지만 건조시키면 향이 좋아진다. 씨앗 분말은 조미료처럼 카레, 수프, 빵, 베트남 쌀국수 육수에 첨가한다. 씨앗 오일도 향신료로 섭취할 수 있고, 비누 성분이 있어 비누에 첨가할 수 있다. 씨앗 오일을 스프레이로 뿌리면 진드기를 퇴치하고, 정원에 심으면 진드기 퇴치에 효능이 있어 다른 식물을 보호할 수 있다. 회향(휀넬)과는 상극이며 회향의 생장을 방해한다.

● 약성
살균, 살충, 항균, 설사, 이뇨, 복부 가스, 소화 불량, 흥분제, 거담, 배앓이, 불면증, 불안증에 효능이 있다. 동물 실험 결과 당뇨 치료제로서의 가능성이 있고, 민트 식물과 혼합한 화장수는 여드름 치료제로서의 가능성이 있다. 전체적으로 식욕 촉진 기능이 뛰어나다. 싱싱한 잎이나 씨앗 분말을 대량 섭취할 경우 마취성 효과(혹은 건망증)가 발생하므로 소량 섭취를 원칙으로 한다. 알레르기가 생길 경우 약용 및 외용을 중단한다. 싱싱한 잎을 즙을 내어 1~2티스푼을 약용하거나 물 1컵에 4g의 씨앗 분말을 넣어 약용한다.

● 번식
종자(4~5월 파종)

● 키우기
1 인터넷이나 종묘상에서 고수 씨앗을 구입한다.
2 양지에서 자란다.
3 기름진 토양을 좋아한다.
4 수분은 보통으로 관수한다.
5 한해살이풀이므로 겨울에 쓰러진다.

미식가의
파슬리 산형과 한해살이풀 *Anthriscus cerefolium* 40~70cm

챠빌(처빌)

① 전초
② 잎

'이태리 파슬리'와 비슷한 식물로서 실제로도 파슬리와 종종 비교되는 식용 허브이다. 프랑스에서는 타라곤, 파슬리와 함께 빼놓을 수 없는 요리용 허브로 인정받고 있다. 코카서스 원산이지만 로마 시대에 유럽으로 전래되어 남서유럽과 영국에서 흔히 자란다. 이들 지역에서는 길가나 축축한 땅에서 잡초처럼 자라는 것을 볼 수 있다.

줄기는 높이 40~70cm로 자라고, 잎은 3회 깃꼴로 갈라진다. 잎의 생김새는 우리나라의 당근, 미나리, 참나물 잎을 닮았고 꽃도 당근 꽃, 미나리 꽃, 참나물 꽃을 닮았다.

비슷한 식물인 당근, 고수 등과 궁합이 잘 맞기 때문에 함께 재배하면 잘 자라고, 상추와 같이 심으면 상추에 달라붙는 굼벵이를 퇴치하는 효과가 있다.

키포인트

희미하게 단맛이 있으므로 부엌에서 기르는 식용 허브로 유명하다. 흔히 회향(휀넬), 타라곤 맛이 섞여 있는 맛이라고 한다.

• 이용법
챠빌은 프랑스 요리에서 매우 중요한 식용 허브이다. 일반적으로 건조시키지 않은 싱싱한 잎을 식용한다. 어린 잎은 샐러드로 먹고, 성숙한 잎은 다져서 수프, 스튜, 가금류, 해산물, 계란, 호박 요리의 맛내기로 사용하는데, 요리의 막바지에 추가한다.
뿌리는 조리해 먹고, 꽃은 각종 요리의 맛내기로 사용한다. 다른 식용 허브와 부케가르니로 묶은 뒤 각종 국물 요리의 맛내기로 사용한다.

• 약성
거담, 이뇨, 소화 촉진, 우울증, 기억력, 딸꾹질, 고혈압에 효능이 있다. 싱싱한 잎은 각종 상처에 찜질팩처럼 사용한다. 잎을 우려내어 각종 피부 질환, 염증에 바르거나 안구 질환에 몇 방울 넣는다. 다진 싱싱한 잎 1티스푼을 1컵의 끓는 물에 우려 마신다.

• 번식
종자

• 키우기
1 허브 전문 꽃집에서 봄에 모종을 구입하거나 인터넷 종묘상에서 종자를 구입한다.
2 시원한 반그늘에서 잘 자란다.
3 토양을 가리지 않는다.
4 수분은 보통으로 관수하는데, 건조하지 않도록 주의한다.
5 겨울이 오기 전 실내로 옮긴다.

연어 요리에
좋은 산형과 한해살이풀 Anethum graveolens 40~100cm

딜

씨앗

　서아시아, 러시아 남부 원산이지만 지중해에 귀화한 뒤 유럽에 전래되었다. 스위스의 신석기 유적지와 고대 이집트의 왕 Amenhotep 2세의 무덤에서 딜의 잔가지가 발견된 것으로 보아 최소한 2천 년 전부터 재배해 온 식물로 추정된다. 회향(휀넬)과 향이 비슷한 딜은 식용 허브로 유명하며, 특히 연어 요리와 잘 어울린다.

① 전초
② 어린 잎
③ 딜로 재운 연어를 훈제한 샐러드

줄기는 높이 1m로 자라고, 잎의 길이는 10~20cm, 깃 모양으로 잘게 갈라진다.

꽃은 온실 환경에서 보통 겨울에 피고, 복산형화서로 노란색의 자잘한 꽃이 무리지어 달린다.

씨앗은 4~5mm의 자잘한 크기이다.

요리에서는 씨앗, 잎, 줄기 등 전초를 향신료로 사용하는데 세계적으로 유럽, 중앙아시아, 서남아시아에서 즐겨 먹는다.

참고로, 딜(*Dill*)의 영어 이름은 고대 영어의 *Dylle*(진정시키다)에서 유래되었고, 속명 *graveolens*는 '향기가 강한'이란 뜻으로 씨앗의 향기 때문에 붙었다.

키포인트

약용보다는 특히 식용 허브로 유명하다.

- ### 이용법

잎은 날것으로 먹거나 조리해서 먹는다. 신선한 잎 또는 동결 건조시킨 잎은 샐러드의 맛내기로 사용하거나 연어 같은 생선 요리, 새우 요리의 맛내기에 특히 좋다. 닭, 카레, 소스, 수프, 치즈, 콩, 감자, 쌀 요리의 맛내기로 사용한다. 조리 중인 요리에는 중간에 넣으면 맛이 날아가므로 보통 요리를 완료한 뒤 첨가한다. 쓴 맛의 종자도 요리의 향신료로 사용한다. 샐러드, 드레싱, 소스, 절임, 수프, 빵, 쿠키의 맛내기로 사용한다. 잎과 씨앗은 허브 차로 마시면 불면증을 예방한다. 씨앗의 에센셜 오일은 비누 등을 만든다.

- ### 약성

잎과 씨앗을 약용한다. 달여 먹거나 차로 마시고 에센셜 오일 형태로 약용한다. 이뇨, 복부 가스, 복통, 살충, 불면증, 젖을 잘 나오게 하는 효능이 있는데 특히 복통 관련 증상에 효능이 높다.

딜 함유 허브 차(상수허브)

- ### 번식

종자(4~6월, 노지에서 가을에 파종할 경우 두해살이풀로 취급된다.)

- ### 키우기

1 허브 전문 꽃집에서 모종을 구입하거나 종묘상에서 종자를 구입한다.
2 양지에서 잘 자란다.
3 적당히 비옥한 토양에서 잘 자란다.
4 수분은 보통으로 관수한다.
5 노지에서 월동할 수 없다.

캐러웨이

딜, 회향과 향이 비슷한   산형과 한/두해살이풀 *Carum carvi* 40~60cm

캐러웨이

서아시아, 유럽, 북아프리카에 분포하는 향신료 식물로서 회향, 딜, 커민, 파슬리가 혼합된 맛을 내는 식물이다. 꽃대는 높이 60cm로 자라고, 잎은 당근 잎 모양이다. 열매는 5개의 능선이 있는데, 캐러웨이에서 중요한 식용 부분이다.

캐러웨이에서 식용 가능한 부분은 잎, 줄기, 뿌리 등이지만 주로 열매를 식용한다. 건조시킨 열매는 날것 또는 조리해서 먹는데 샐러드, 호밀빵, 비스킷, 카레, 케이크의 맛내기로 사용할 수 있다. 어린 잎은 날것으로 먹거나 수프의 맛내기로 사용하고 성숙한 잎은 조리해 먹는다. 뿌리는 당근처럼 조리해 먹고, 씨앗의 에센셜 오일은 아이스크림, 사탕, 여름 음료, 주류, 치즈 요리의 맛내기로 사용하거나 비누, 향수를 만든다.

또한 캐러웨이도 약용할 수 있는데 식욕 부진, 복부 가스, 소화, 기관지염, 복통에 효능이 있다.

번식은 종자로 할 수 있고 다소 비옥하고 축축한 토양을 좋아한다.

샐러리처럼 먹는
식용 허브 산형과 여러해살이풀 *Levisticum officinale* 1~2.5m
러비지

러비지

유럽, 서남아시아 원산의 잎이 넓은 산형과 식물이다. 잎, 뿌리, 종자를 식용하는 향신료 식물로 유명하며 잎 모양은 당귀, 향은 샐러리와 비슷하다.

줄기는 높이 2.5m까지 자라고, 잎은 3회 깃 모양, 당귀 잎과 비슷하다. 잎의 색상은 황록색이고 다른 산형과 식물에 비해 넓은 편이다. 꽃은 노란색이고, 6~7월에 산형화서로 달린다. 러비지(*Lovage*)라는 이름은 '사랑의 통증(*love-ache*)'이란 뜻으로 *ache*는 파슬리를 뜻하기도 한다.

잎은 날것으로 먹거나 샐러드, 수프, 스튜, 치즈, 육류 요리에 넣어 맛내기로 사용하는데 향이 강한 편이다. 어린 줄기는 '샐러리'처럼 먹거나 요리의 맛내기로 사용한다. 종자는 수프, 스튜, 케익의 맛내기로 사용할 수 있고, 뿌리는 당근처럼 조리해 먹는다.

건조시킨 잎은 허브 차로 마시거나 요리의 향신료로 사용한다. 약용할 경우 식욕 부진, 소화 불량, 복통, 기관지염, 이뇨, 신장 결석, 방광염, 월경통에 효능이 있고, 씨앗 오일은 주근깨를 제거한다. 번식은 종자 또는 포기나누기로 할 수 있다.

인도 아이유베다
허브 식물인 산형과 여러해살이풀 Centella asiatica 10~20m
페니워트

2가지 품종이 널리 알려져 있다. 동남아시아, 인도, 호주 등에서 자생하는 Centella asiatica 품종은 '인디언 페니워트'라고 말하며, 우리나라에 유사종인 피막이풀이 있다. 미국 원산의 워터 페니워트(Hydrocotyle umbellata) 국내에서 '워터코인'이라는 이름으로 유

① 국내 자생종 피막이풀
② 워터코인

통되고 있으므로 구별이 용이하다.

여기서 설명하는 인디안 페니워트는 식용 식물로 널리 알려져 있지만, 인도 아이유베다 의학에서 중요하게 치는 약용 식물이기도 하다. 원산지에서는 오래된 돌담이나 저지대 해안가, 언덕, 바위틈에서 흔히 자라지만 원주민 사이에서는 치매나 기억력 증진에 효능이 있는것으로 알려져 있다.

뿌리에서 가는 줄기가 올라온 뒤 지름 2cm 정도의 동전 모양의 잎이 달린다. 꽃은 매우 작고 분홍색이거나 빨간색 꽃이 핀다.

페니워트는 물을 좋아하므로 수경 재배로도 즐겨 키운다.

키포인트

관상용, 약용, 식용 목적으로 키운다.

● 이용법
잎은 날것으로 식용하거나 야채처럼 식용한다. 또한 카레 요리, 쌀 요리, 코코넛 요리에 사용한다. 동남아시아에서 페니워트를 사용한 요리가 많은데 대개 샐러드 방식이나 쌈채소 방식으로 섭취한다. 특히 스리랑카에 페니워트를 이용한 요리가 발달하였다. 식물체에서 추출한 성분은 화장품이나 마스크팩, 스킨케어 제품을 만든다.

● 약성
말린 잎은 약효가 떨어지므로 일반적으로 신선한 잎을 약용한다. 항염, 항균, 소화, 신경 피로, 해열, 면역력 향상, 신경 진정, 혈압 강하(고혈압 완화), 나병, 성병, 치매에 효능이 있다. 치질과 각종 피부 질환에는 외용한다. 과다 사용할 경우 의식을 잃거나 복통·두통을 유발할 수 있으므로 적량을 사용한다. 피부 질환에 효능이 있지만 체질에 따라 피부 문제를 일으킬 수 있다.

● 번식
종자(온실에서 봄에 파종한 뒤 초여름에 실외로 옮긴다.)

● 키우기
1 허브 전문 꽃집에서 페니워트 모종을 구입한다.
2 반그늘에서 잘 자란다.
3 다소 축축한 토양을 좋아한다.
4 수분은 보통으로 관수한다.
5 겨울에는 실내에서 월동 처리한다.

> **부작용 |** 성분의 임상 실험이 충분치 않으므로 임산부와 어린이는 약용을 피한다.

도둑고양이를 퇴치하는 루

운향과 상록소관목 *Ruta graveolens* 60~90cm

루꽃

발칸 반도, 남동유럽 원산의 상록 반관목성 식물이다.
줄기는 높이 60~90cm 내외로 자란다. 깃꼴로 갈라진 잎은 길이 7~12cm 정도이고, 작은 잎은 직사각 모양이거나 타원형이다. 잎의

해충 퇴치 효능이 있는
허브들을 넣어 만드는 주방방충제

▲ 주방 방충제   ▼ 루잎

① 루 수형
② 건조시킨 잎

표면에는 대개 백색 가루가 덮여 있다.

　원추화서의 꽃은 여름에 개화하고, 자잘한 노란색 꽃이 모여 달린다. 꽃의 지름은 1.3cm 정도, 꽃잎은 오목하게 패여 있다.

　건조시킨 잎은 해충 퇴치, 특히 나방 퇴치에 효과가 크고, 정원에 이 식물을 심으면 개와 고양이를 퇴치할 수 있다. 특별하게 고양이 퇴치에 효과가 크다.

키포인트

약간의 사향 냄새가 나며 잎의 맛은 쓰고 강하다.
운향과 식물과 국화과 식물의 향이 결합된 듯 특유의 쓴 향미가 있다.

• 이용법

잎과 씨앗을 식용할 수 있지만 현재는 요리 및 식용으로 거의 사용하지 않는다. 지중해, 아프리카 북부의 일부 지방에서 그 지역 전통 요리를 만들 때 사용한다. 크로아티아, 이태리의 전통 증류주인 그라파는 루를 사용해 만든다. 건조시킨 잎을 계란 요리, 치즈 요리, 생선 요리, 샐러드에 조미료처럼 소량 첨가한다. 어린 가지는 튀김으로 먹는다. 잎을 덖음하여 차로 마신다. 낙태제로서 강력한 효능이 있고 두드러기를 유발할 수 있으므로 섭취할 경우 극소량만 섭취한다. 적색 염료를 만들 수 있는 염료 식물이다.

• 약성

강력한 낙태 효능이 있고 감기, 해독, 월경 촉진, 거담, 두통, 염좌에 효능이 있다. 알레르기에 민감한 사람은 식물체와 접촉시 두드러기가 날 수 있으므로 주의한다. 임산부는 낙태를 유발할 수 있으므로 약용하지 않는다.

• 번식

종자(봄), 꺾꽂이, 휘묻이

• 키우기

1 큰 꽃집에서 루 모종을 구입한다.
2 양지~반그늘에서 자란다.
3 토양을 가리지 않고 잘 자란다.
4 수분은 보통으로 관수한다.
5 일부 남부 지방에서 노지 월동이 가능하다.

포푸리로 인기 만점인
국화과 여러해살이풀 *Calendula officinalis* 20~70cm
금잔화(포트메리골드)

남유럽 원산의 금잔화는 이후 유럽 전역에 귀화한 뒤 전세계에 전래되었다. 국내에서는 화단에 심는 화초로 유명하지만 유럽에서는 고대 그리스, 로마 시대부터 약용 및 염료 식물, 화장품 원료, 식용 식물로 사용하였다. 식용할 경우 샤프란 대체 조미료로 안성맞춤이다.

줄기는 높이 80cm 내외로 자라고 잎은 직사

① 금잔화 꽃
② 금잔화 꽃잎 감자롤
   (안면도 꽃박람회 작품)
③ 주황꽃 금잔화
④ 금잔화 사과잼
⑤ 노란꽃 금잔화
⑥ 금잔화 잎
⑦ 금잔화 포푸리

각꼴의 주걱 모양, 잎의 길이는 5~17cm 정도이다. 잎 양쪽에는 털이 있으며 잎 가장자리엔 약간의 톱니가 있다.

 꽃의 지름은 4~7cm, 중앙엔 관상화가, 둘레엔 꽃잎처럼 보이는 혀꽃으로 있고, 꽃잎의 색상은 주황색, 노란색 등이 있다. 이 꽃은 온도만 맞으면 1년 내내 볼 수 있다.

키포인트

꽃잎은 약간의 단맛과 염분 맛이 난다. 우리나라의 민들레 꽃잎과 비슷한 맛이다. 건조시킨 꽃은 통째로 포푸리로 사용한다.

● 이용법
잎을 익혀서 먹기도 하지만 맛이 좋지 않으므로 보통 꽃잎을 섭취한다. 싱싱한 꽃잎을 잘게 다져서 샐러드에 가미하면 데코레이션 겸 일거 양득이다. 건조시킨 꽃잎은 분말로 만든 뒤 샤프란 조미료 대용으로 케이크, 쌀 요리, 수프, 식용 황색 색소로 사용한다. 꽃잎을 우려 허브 티로 마신다. 전초에서 얻은 에센셜 오일 또는 분말은 화장품·샴푸·로션을 만들고, 꽃잎은 허브 비누를 만들 때 사용한다.

● 약성
항바이러스, 항염증, 살균에 효능이 있다. 약용할 경우 주로 외용 목적에 알맞다. 꽃잎과 잎의 즙을 각종 상처, 염증, 염좌, 피부 클렌징에 외용한다. 신선한 또는 건조시킨 꽃과 잎 둘 다 외용 목적으로 사용할 수 있다.

● 번식
종자(봄~가을)

● 키우기
1 인터넷이나 꽃집에서 씨앗이나 모종을 구입한다.
2 양지~반그늘에서 자란다.
3 토양을 가리지 않고 잘 자란다.
4 수분은 보통으로 관수한다.
5 전국에서 노지 월동 가능.

고구마처럼 먹었던 절반은 채소 작물
달리아

국화과 여러해살이풀　*Dahlia pinnata*　30~250cm

멕시코, 콜롬비아 등의 중미 원산의 달리아는 국내에서 여러해살이 풀로 취급하지만 원산지에서는 10m 높이로 자라는 관목성 달리아 품종도 있다. 고대 아즈텍인들은 달리아를 식용, 염료, 원예 목적으로 재배하였지만 약용 기록은 거의 찾을 수 없으며, 식물명은 마드리

노란 꽃 품종

  드 식물관장인 Antonio Jose Cavanilles가 18세기 스웨덴 식물학자인 Anders Dahl의 이름에서 따 왔다.

  원산지에는 약 20여 원종이 있는 달리아는 1789년 이후 스페인, 네델란드 종묘상에게 다양한 품종의 달리아 씨앗이 보내지면서 초기에는 뿌리를 먹기 위한 채소 작물로 육종되었다.

  그러나 1800년대 이후 달리아는 식용 목적보다는 원예 목적으로 육종되었고 이후 세계적으로 수천 종의 하이브리드 품종이 탄생, 지금의 세계적인 인기 원예 식물이 되었다. 달리아는 멕시코 국화이기도 하다.

  달리아는 언뜻 보면 우리나라의 과꽃이나 과꽃의 하이브리드 품종

레드 피그미 품종 달리아

과 비슷하지만 잎 모양을 보면 구별할 수 있다. 과꽃의 잎은 넓은 마른모꼴이지만 달리아의 잎은 1~2회 깃꼴로 갈라지므로 이 점으로 구별할 수 있다.

　꽃은 7~8월에 품종에 따라 흰색, 분홍색, 붉은색, 노란색 등으로 개화하고 최근 나오는 하이브리드 품종은 바이컬러 색 등 2가지 색이 섞여 있는 꽃이 핀다. 꽃의 지름은 5~15cm 정도이고 열매는 10월에 성숙한다. 현재도 세계적으로 300여 품종이 유통되고 있기 때문에 꽃 모양만 보면 과꽃 종류와 무척 혼동된다.

① 잎
② 홑꽃 품종
③ 붉은 꽃 품종
④ 황노랑 꽃 품종
⑤ 원예 품종 달리아

키포인트

원예종으로 알고 있지만 꽃과 덩이 줄기를 식용하기도 한다. 꽃의 식용에 관해서는 이견이 분분한데 달리아 전문가들은 달리아의 수많은 하이브리드 꽃도 식용 가능하다고 주장한다.

• 이용법

꽃잎을 떼어내거나 잘게 썰어 샐러드처럼 먹는다. 이눌린이 풍부한 덩이뿌리는 고구마처럼 쪄 먹는데 야콘 같은 식감이 있고 품종에 따라 맛이 일정하지 않는데 대게 매운 맛이나 쓴 맛이 난다. 뿌리 맛은 아무래도 품종, 토양 조건에 따라 달라진다. 뿌리줄기에서 추출한 단맛은 약간의 커피 맛과 초콜릿 맛을 연상시키기 때문에 각종 음료에 사용한다. 꽃에서 염료를 추출한다.

• 약성

알려진 약용 기록이 없다. 중미 원주민들은 이 꽃을 엄숙한 종교 행사에 사용했으므로 아마도 어떠한, 혹은 어떤 식으로든 약용하지 않았을까 추정된다.

• 번식

종자(늦겨울에 온실에서 파종), 꺾꽂이(봄)

• 키우기

1. 꽃집에서 달리아 모종을 구입한다.
2. 양지~반양지에서 잘 자라며 그늘을 싫어한다.
3. 비옥한 토양을 좋아한다.
4. 수분은 보통으로 관수한다.
5. 0도 이상의 기온이 필요하므로 노지에서 월동할 수 없다. 겨울에는 실내로 옮긴다. 최근엔 추위에 강한 품종이 육성되었지만 이런 품종도 일부 남부 지방에서만 월동할 수 있다.

방사능으로 오염된
토양을 정화하는
국화과 한해살이풀 *Helianthus annuus* 1~8m

해바라기

설상화(혀꽃)

관상화(대롱꽃) 1천~2천 개

해바라기 꽃의 구성

중앙아메리카 원산의 해바라기는 멕시코인과 미국인들이 서로 자신들의 나라가 해바라기의 원산지라고 주장하고 있다. 예컨데 10년 전만 해도 중앙아메리카 원산으로 알려진 해바라기를 미국인들은 기원전 2300년 된 씨앗이 발견된 테네시 주를 예를 들며 미국을 원산지라고 주장하였는데 이에 질세라 멕시코인들은 기원전 2600년(메소아메리카) 때 재배된 씨앗을 발견하였다고 주장을 한다.

이유야 어쨌든 16세기경, 스페인 탐험대에 의해 유럽에 전파된 해바라기는 유럽에서 크고 시원스런 꽃 때문에 큰 인기를 얻었고 18세기에는 해바라기 식용유가 유럽 전역에서 선풍적인 인기를 얻으면서

해바라기 꽃차(인편도 꽃박람회 작품)

유럽은 물론 러시아에도 초대형 해바라기 농장이 만들어졌다.

19세기 말, 비운의 화가 반 고흐는 '해바라기'를 그렸고, 1979년에는 H 보글에 의해 해바라기 꽃의 가운데에 있는 관상화(대롱 모양의 작은 꽃들)가 생성되는 패턴에 대한 수학 이론이 발표될 정도로 평범

하면서도 평범하지 않는 길을 걷는 해바라기는 우크라이나의 국화이기도 하다.

  해바라기 줄기는 억센 털이 있고 높이 1.5~3.5m 정도로 자라지만 기록에 의하면 10m 이상 자라는 해바라기도 있다고 한다. 어긋난 잎은 심장형이고 가장자리에 톱니가 있다.

  꽃은 8~9월에 피는데 중앙에 대롱 모양의 꽃인 관상화가 있고, 둘레에 꽃잎처럼 보이는 혀 모양의 설상화가 있다. 꽃 중앙의 자잘한 관상화는 보통 1,000~2,000개라고 하므로, 그것을 실제 세어 본 사람이 있었다는 것이 조금 놀랍다. 관상화 부분이 가을에 씨앗으로 변하는 부분이다.

해바라기

키포인트

해바라기의 꽃, 씨앗, 오일, 어린 잎을 식용한다.

● 이용법

씨앗은 날것으로 먹거나 구워서 먹고 초콜릿을 입혀 스낵으로도 먹는다. 때때로 씨앗에 양념이나 소금을 가미하거나 샐러드에 뿌려 먹기도 한다. 씨앗과 호밀을 반죽해 해바라기 빵을 만들거나 씨앗 요구르트, 해바라기 버터를 만든다. 어린 꽃봉오리는 차로 마시거나 아티초크와 곁들여 찜으로 먹는다.

씨앗에서 추출한 오일은 해바라기 식용유, 마가린, 바이오디젤 오일의 원료, 샴푸, 양초, 비누에 첨가한다. 어린 잎은 데친 뒤 다른 나물과 볶아 먹는다. 꽃은 노란색 염료를 만든다. 해바라기는 토양의 독성인 납, 비소, 우라늄, 세슘을 제거하는 효능이 있으며, 실제 러시아의 체르노빌에서 방사능 오염 토양을 복원하기 위해 해바라기를 대규모로 심었다.

● 약성

이뇨, 해열, 거담, 건위(위액 촉진)에 효능이 있다. 꽃차는 폐 질환, 말라리아에 효능이 있다. 씨앗은 지방 성분이 풍부하므로 영양 보충제로서 효능이 있다. 류마티스 관절염 등에는 뿌리를 달여 바른다. 잎은 뱀과 거미에 물렸을 때 짓이겨 바르거나 찜질팩처럼 사용한다.

● 번식

종자(3~4월 파종)

● 키우기

1 종묘상에서 해바라기 씨앗을 구입한 뒤 손가락 2마디 깊이로 심는다.
2 양지에서 잘 자란다.
3 토양을 가리지 않지만 기름진 토양을 더 좋아한다.
4 수분은 보통으로 관수한다.
5 한해살이풀이지만 가을에 씨앗이 낙과해 이듬해에 저절로 번식한다.

식용하고
약용하는 국화과 한해/여러해살이풀 *Bellis perennis* 10~15cm
데이지

잉글리시데이지

유럽 원산의 데이지는 30여 유사종이 있고, 유사종들도 대부분 데이지라는 이름이 붙어 있다. 일반적으로 국내에서는 잉글리시데이지를 데이지라고 말한다.

잉글리시데이지의 잎은 지면에서 로제트 형태로 올라온다. 꽃의 색

분홍 꽃 잉글리시데이지

상은 흰색, 분홍색, 진홍색 등이 있고 꽃의 직경은 2~3cm 정도, 우리나라에서는 봄에 꽃을 볼 수 있지만 온도만 맞추면 1년 내내

① 리빙스턴데이지
② 분홍꽃 잉글리시데이지
③ 아프리카데이지(오스테오스페르멈)
④ 옥스아이데이지
⑤ 샤스타데이지

③

④

⑤

꽃을 볼 수 있다.

　데이지는 고대 로마 군단의 외과 의사들이 포대에 데이지를 가득 담고 그 즙을 추출해 병사들의 외부 상처를 치료했을 정도로 약용 효능이 뛰어날 뿐 아니라, 꽃을 식용할 수 있는 식물 중 하나이다.

키포인트

꽃과 잎을 식용할 경우 약간 맵고 쓴 맛이 난다.

● 이용법

싱싱한 꽃의 꽃잎을 떼어내 샐러드, 샌드위치, 수프, 무스, 디저트 등에 넣어 먹는다. 무스, 디저트 요리에 넣을 때는 단맛 요리와 어울린다. 잎은 샐러드로 먹거나 조리해 먹는다. 잎을 짓이겨 스프레이 형태로 뿌리면 벌레 퇴치에 효능이 있다.

● 약성

신선한 꽃 또는 말린 꽃을 약용한다. 기침, 소화 불량, 진통, 변비, 거담, 설사제, 관절염, 간, 신장 질환에 효능이 있다. 입 안이 헐었을 때 잎을 씹으면 효능이 있고, 잎을 짓이겨 각종 상처에 외용한다. 타박상에는 꽃과 잎을 달인 물을 찜질팩처럼 도포한다. HIV 치료제로서의 가능성이 연구중인 식물이다.

● 번식

일반적으로 늦봄에 씨앗을 수확한 뒤 바로 파종하지만 국내에서는 추파 1년초로 취급하므로 가을에 파종, 이듬해 봄에 개화한다. 개화 후 포기나누기로 번식시킬 수도 있다.

● 키우기

1 꽃집에서 모종을 구입한다.
2 양지~반그늘에서 자란다.
3 토양을 가리지 않지만 점질 토양에서 더 잘 자란다.
4 수분은 보통으로 관수한다.
5 추위에 약해 노지에서 월동할 수 없다.

꽃과 기름을 먹을 수 있는 잇꽃 (샤플라워, 홍화)

국화과 한해/두해살이풀 *Carthamus tinctorius* 30~150cm

잇꽃

고대 그리스에서 대규모로 재배된 유명한 허브 식물 '홍화'는 한약재 이름으로 더 많이 알려져 있으며, 우리말로는 '잇꽃', 영어로는 '샤플라워'라고 부른다. 흔히 씨앗에서 식물성 오일을 추출한 뒤 식용 및 염료용으로 사용하기 위해 재배한다.

줄기는 높이 30~150cm 정도로 자라고 하단부는 목질화되어 있다.

① 어린 줄기
② 전초
③ 종자

어긋난 잎은 넓은 피침형이고, 길이 3~9cm 정도이며, 잎자루는 거의 없고, 가장자리에 톱니가 있다.

7~8월에 피는 꽃은 붉은색, 주황색, 노란색이 있고 언뜻 보면 엉겅퀴 꽃과 비슷하게 생겼다.

두상화의 크기는 1~4cm 정도이고 한 그루당 5~50개의 꽃이 달린다. 두상화를 돋보기로 관찰하면 20~180개의 작은 꽃으로 되어 있다. 꽃은 샤프란 대용의 조미료 용도로 식용할 수 있기 때문에 '가짜 샤프란' 이란 별명이 있다. 건조시킨 꽃은 노란색 염료 재료로 사용할 수 있다.

길이 6mm 정도의 열매에는 해바라기 씨앗처럼 생긴 종자가 들어 있고, 종자에는 40% 정도의 기름이 함유되어 있다. 씨앗에서 추출한 기름은 해바라기유와 비슷하지만, 무색이고 향기가 없다. 이를 홍화씨 기름이라고 말하고 식용, 화장품, 약용 목적으로 사용한다.

잇꽃으로 만든 염료는 투탕카멘 무덤과 파라오 무덤에서 발견되어 이미 고대 이집트에서부터 염료 채취 목적으로 재배한 것으로 알려져 있다. 현재는 전세계 60개국에서 중요한 염료 식물로 이 식물을 재배하고 있고, 국내에서는 경상 북도 의성에서 많이 재배한다.

키포인트

꽃은 술로 담그고 씨앗에서 추출한 오일은 식용 및 약용한다.

● 이용법

홍화 기름은 샐러드 등의 요리에 사용한다. 종자는 구워서 섭취하거나 튀김으로 먹는다. 건조시킨 꽃은 술로 담근다. 어린 잎은 데쳐 먹을 수 있지만 맛은 없다.

꽃에서 노란색, 빨간색 염료를 만든다. 염료는 식용 색소로 사용하거나 페인트, 바이오 엔진 등의 원료로 사용한다. 꽃은 빨간색으로 변했을 때 수확한다.

● 약성

신선한 꽃 또는 건조시킨 꽃을 차로 마시는 방식으로 약용하는데 진통, 항균, 염증, 구염, 월경 촉진, 동맥 질환에 효능이 있다. 염좌, 피부 질환에는 외용한다. 종자는 볶아서 가루로 만들어 이뇨제, 변비약으로 사용한다.

● 번식

종자(중부에서는 봄 파종, 남부에서는 가을 파종)

● 키우기

1 종묘상에서 종자를 구입한다.
2 양지~반그늘에서 자란다.
3 토양을 가리지 않는다.
4 수분은 보통으로 관수한다.
5 남부 지방에서 가을에 파종할 경우 이듬해에 꽃을 볼 수 있다.

간 기능에 좋은
실리마린의 원료 국화과 두해살이풀 *Silybum marianum* 0.3~2m

밀크시슬(마리아엉겅퀴)

밀크시슬

서양 엉겅퀴의 한 종류로서 '마리아엉겅퀴' 라고도 부른다. 영국을 포함한 남유럽, 지중해, 서아시아에서 자생하지만 최근엔 미국, 호주 등에 귀화하여 전 세계에서 볼 수 있다. 고대 수도원에서 약초로 길렀던 식물이다.

홈이 있는 줄기에는 솜털이 있으며 높이 0.3~2m 정도로 자란다. 잎 길이는 50~70cm의 매우 크고 날카로운 톱니가 있고 잎 표면에 흰색 무늬가 있다. 잎의 끝 부분은 직사각형의 날카로운 창 모양이다. 뿌리 잎이 넓게 퍼지는 성질이 있어 반경 1.8m까지 퍼지면서 자란다.

꽃은 6~8월에 두화꽃이 피는데 우리나라의 '엉겅퀴'나 '가시엉겅퀴' 꽃과 거의 비슷한 모양이다. 꽃의 색상은 분홍색이거나 연보라색이 있고 길이 4~12cm 정도, 지구 북반부에서는 여름에 개화하지만, 지구 남반구에서는 12월경에 개화한다.

밀크시슬의 약용 부위는 건조시킨 씨앗이며 이 씨앗은 고대 로마 시대부터 간 질환에 약용하였다. 특히 중세의 수많은 허벌리스트(약초상, 약초 전문가)들은 알코올 중독에 의한 간 손상에 밀크시슬의 씨앗을 처방하였다.

① 꽃
② 잎

뿌리, 어린 잎, 꽃봉오리가 벌어지기 전의 꽃과 줄기는 익혀서 식용하고 씨앗은 약용한다. 최근에는 씨앗에서 추출한 실리마린(Silymarin) 성분이 60~70% 함유된 캡슐을 간 기능을 보조하거나 암을 예방하는 건강 보조제로 상품화하여 상용 판매 하고 있다.

키포인트

잎, 뿌리, 꽃을 날것으로 섭취할 경우 전체적으로 수렴성의 쓴 맛이 난다.

● 이용법
잎은 가시를 제거하여 시금치처럼 무쳐 먹고, 어린 줄기는 껍질을 벗겨내고 아스파라거스처럼 샐러드로 먹는데, 줄기가 더 맛있다. 그리고, 볶은 씨앗은 커피 대용으로 먹는다.

● 약성
여름에 꽃이 핀 2~3주 뒤 씨앗을 수확하여 씨앗 추출물(오일)을 약용한다. 각종 간 질환(만성간염, 급성간염, 황달, 간경변증)에 효능이 있어 수세기 동안 대체 요법으로 사용되었다. 일부에서는 간암, 전립선암, 유방암, B형 간염, 강박 장애, 졸중풍, 독버섯 중독 등에 효능이 있다고 보고되었지만 명확하게 임상 실험이 진행된 경우는 없다. 국내에서도 씨앗 분말을 넣은 캡슐이 간장약 보조제로 팔리고 있고 인기가 많다.

● 번식
종자(3~4월 파종)

● 키우기
1 허브 전문 식물원(세계꽃식물원)에서 모종을 구입할 수 있는지 문의한다. 어린 모종은 굼벵이와 달팽이가 좋아하므로 관리를 잘 해야 한다.
2 양지에서 잘 자란다.
3 석회질 토양을 좋아하지만 토양을 가리지 않고 잘 자라는 편이다.
4 수분은 보통으로 관수한다.
5 겨울에 노지에서 월동한다.

> **부작용** | 식물체의 '질산칼륨' 성분이 소와 양의 위장에서 다른 박테리아와 결합해 혈액의 산소 흐름을 차단하므로 농장에서는 키우지 않는다.

아킬레스와
그리스 신화 속의 식물 국화과 여러해살이풀 *Achillea millefolium* 0.2~1m
야로우(서양톱풀)

야로우(서양톱풀)

우리나라의 톱풀과 비슷한 식물이다. 주로 지구 북반부의 온대 지방인 유럽, 아시아에 자생하며 북미 대륙에도 귀화하여 널리 분포하고 있다.

줄기는 직립하고 잎의 길이는 20~50cm 정도이다. 잎은 2회 또는 3회 깃꼴로 갈라지면서 톱니처럼 보인다. 5~8월에 피는 꽃은 품종에

따라 흰색, 분홍색, 노란색이 있고 노란색 꽃이 피는 품종은 특별히 '옐로야로우'라고 부른다.

  속명 *Achillea*는 아킬레스와 그리스 신화에서 유래한 것으로 그리스 전쟁 당시 아킬레스의 전사들이 상처에 톱풀을 짓이겨 발라 출혈을 막았다고 해서 이름 붙었다. 그럼에도 불구하고 아킬레스는 발 뒤꿈치에 화살을 맞았을 때 이를 치료하지 못했다.

  식물체에서 사용하는 부분은 주로 잎인데 차로 마실 경우 뜨거운 물 한 컵에 2~3개의 말린 잎을 넣어 음용한다. 때때로 잎을 머리에 문지르면 대머리를 방지한다는 이야기도 있다.

① 닭가슴살 비스킷 카나페
② 옐로야로우
③ 잎

키포인트

어린 잎은 쓴 맛이 덜하므로 즐겨 식용한다. 건조시킨 전초는 약용, 꽃은 조미료 대용으로 사용한다.

- **이용법**

꽃이 피기 전부터 꽃이 피어 있을 때의 어린 잎은 차로 마시거나 나물로 먹거나 샐러드로 먹는다. 말린 잎은 맥주나 술의 방부제 용도로 사용한다. 말린 잎과 말린 꽃은 세이지 대용의 조미료로 사용한다. 꽃은 노란색·녹색 염료를 얻을 수 있고 포푸리 용도로 사용한다. 잎은 화장품 세정제로 만들 수 있다.

- **약성**

차로 마시거나 약용할 경우 염증, 진통, 발한, 감기, 월경통, 고혈압에 효능이 있다. 잎을 짓이겨 바르면 출혈, 살균, 염증에 효능이 있다. 약간의 독성 및 알레르기 유발 성분이 있을 뿐 아니라 안정성에서 폭넓은 연구가 진행되지 않았으므로 약용 및 식용할 경우 과다 복용을 피한다.

- **번식**

종자, 포기나누기(봄, 가을)

- **키우기**

1 꽃집에서 야로우 모종을 구입한다.
2 양지~반그늘에서 성장한다.
3 토양을 가리지 않는다.
4 수분은 보통으로 공급하며 가뭄에도 견디는 힘이 강하다.
5 전국에서 월동할 수 있다.

과수원에 심는
허브 국화과 여러해살이풀 *Tanacetum vulgare* 50~150cm

탠지(탄지)

　노란색의 버튼 모양의 꽃이 피는 탠지는 유럽·아시아 원산이며 전세계에 귀화하였다. 언뜻 보면 '옐로야로우'와 비슷하지만 잎 모양이 다르므로 쉽게 구별할 수 있다. 잎은 깃 모양으로 갈라지지만 야로우에 비해 톱니 모양이 많이 엉성하다.
　8~9월에 피는 노란색 꽃은 로즈마리와 비슷한 향이 있고, 꽃의 지

름은 1cm 내외, 이 꽃은 노란색 염료를 만들 수 있다.

탠지는 고대 그리스 시대에 지중해 지역에서 약용 식물로 재배해 왔고, 중세 유럽 시대에는 유럽 대부분 지역에서 약용 식물로 재배해 왔을 정도로 약용 식물로 널리 알려져 있다.

중세 시대의 탠지는 주로 수도원에서 재배했는데 홍역, 소화 장애, 류머티즘, 해충 퇴치 등의 여러 가지 목적 때문이었다.

①② 탠지
③ 탠지 잎

근세기경 영국에서는 창문가에 탠지 다발을 올려놓아 파리가 집 안으로 들어오는 것을 막았다. 개미 박멸에는 특히 효능이 있었는지 호주에서도 개미를 박멸하기 위해 말린 탠지를 침구류 밑에 뿌렸고 정원에 심기도 하였다. 탠지는 개미 외에 딱정벌레 같은 곤충류를 쫓아내는 데도 효능이 있는 것으로 알려져 있다. 또한 말린 탠지 다발은 벌통을 열 때 벌을 쫓아낼 목적의 훈연제로 사용하기도 하므로, 다른 식물에 비해 곤충 퇴치에 특히 효능이 많은 것을 알 수 있다.

탠지의 전초는 항균, 마취, 발암, 살균, 환각, 제초 성분이 있으므로 약용이 아닌 벌레 퇴치 등의 용도로 사용하는 것이 좋다. 특히 각종 곤충 퇴치에 효능이 높으므로 해충으로부터 과실수를 보호할 목적하에 과수원에 심는 것이 가장 좋은 생각이 된다.

키포인트

어린 잎은 식용할 수 있지만 매우 쓴 맛이 난다. 말린 잎을 조미료로 사용할 경우 계피 대용으로 사용한다.

● 이용법

어린 잎은 샐러드로 섭취하거나 음식의 맛내기로 사용한 기록이 있지만 가급적 식용을 피하는 것이 좋다. 어린 잎과 꽃을 차로 마시면 쓴 맛과 약간의 레몬 맛이 난다. 식물체에 독성이 있으므로 차를 과다 음용할 경우 낙태를 유발하기도 한다.

참고로, 유럽에서는 낙태를 유발할 목적으로 차를 과다 복용한 여성이 사망한 사건이 있으므로 낙태 목적으로 과다 음용하는 것을 피한다. 미 FDA는 음식물에 탠지의 사용을 권장하지 않고 있다.

● 약성

탠지는 예로부터 약용 식물로 사용한 기록이 있지만 식물체에 강력한 살충 성분 및 독성 성분이 있으므로 현재는 내복약으로 사용할 것을 권장하지 않는다. 내복약으로 사용할 경우 구충제, 월경 촉진, 복부 가스에 효능이 있지만 과다 복용할 경우 사망하기도 한다.

달인 물을 외용할 경우 이 · 벼룩 · 파리 등의 곤충 박멸, 관절통에 효능이 있고, 개선충이 생긴 피부 세정에 사용할 수 있다. 그러나 피부에 과다 외용할 경우 피부염을 일으킬 수 있다. 에센셜 오일은 매우 유독하므로 복용 및 피부에 외용하지 않는다.

● 번식

종자

● 키우기

1 허브 전문 꽃집에서 탠지 모종을 구입한다.
2 양지~반그늘에서 잘 자란다.
3 토양을 가리지 않는다.
4 수분은 보통으로 공급한다.
5 전국에서 월동할 수 있다.

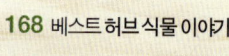

진통 효능이 있는 아게라툼(불로화)

국화과 한해살이풀 *Ageratum houstonianum* 30~100cm

멕시코와 카리브해 일대의 중앙아메리카 원산이다. 잎은 마주나거나 어긋나고, 길이 3~7cm, 삼각 모양이다. 꽃은 6~8월에 산방화서로 달리고 품종에 따라 파란색, 보라색, 흰색, 분홍색 꽃이 핀다. 꽃은 나비가 좋아한다. 시든 꽃을 제때 제거하면 새 꽃을 볼 수 있다. 식물체에 약간의 독성이 있어 곤충이 이 식물을 먹으면 불임이 되고 가축에게도 위해한 성분이 있으므로 축산 농장에서는 키우지 않는다.

국내에서는 도로변에서 원예용으로 흔히 키울 정도로 보급이 잘 되어 있고, 번식은 종자로 할 수 있다. 진통 효능이 있는 수액은 각종 상처에 외용할 수 있지만 사람이 식용할 수는 없다.

① 아게라툼 꽃
② 흰꽃 아게라툼

백내장 치료에 효능이 있는 백묘국

국화과 여러해살이풀 *Senecio cineraria* 50~100cm

식물원 온실에서 흔히 접하는 백묘국은 북아프리카, 남아시아, 지중해 원산의 여러해살이풀이며 자생지에서는 주로 해안가 절벽이나 암석 해안에서 볼 수 있다. 관상용으로 널리 알려져 있지만 약용 식물로도 유명하다.

원줄기는 높이 50~100cm 내외로 자라고 흰 머리카락 같은 솜털로 덮여 있다. 잎의 길이는 5~15cm, 직사각형 모양이고, 깃 모양으로 깊게 갈라지고, 흰색의 잔털이 있다.

국화 꽃을 닮은 노란색 꽃은 두상화서의 작은 꽃들이 자잘하게 모여 달리고, 각각의 꽃 지름은 1~1.3cm 정도이며, 씨앗은 원통형이다.

국내에서는 은색 잎을 보기 위해 관상용으로 흔히 키우는데 추위에 약하므로 보통 온실이나 실내에서 키우는 것이 좋다. 원산지에서는 백내장, 결막염 치료 성분이 있는 것으로 유명하며, 이 제품의 수액으로 만든 안구 치료제가 백내장이나 결막염 치료 목적으로 판매되기도 한다. 식물체에 독성 성분이 있으므로 식용 목적으로는 적당하지 않다.

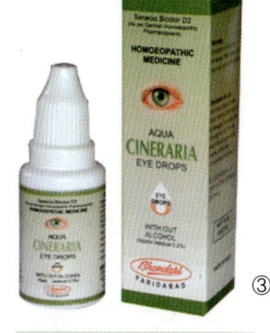

① 백묘국 전초
② 잎
③ 백묘국 성분이 있는 안약

키포인트

관상용, 외용

• 이용법
식물체에 독성이 있으므로 꽃과 잎을 식용할 수 없다. 주로 관상용이나 외용 목적으로 키운다.

• 약성
백내장, 결막염, 시력이 뿌연 증상 등의 안구 질환 치료에 효능이 있다. 백내장에는 잎을 짓이겨 만든 수액을 1방울씩 1일 4~5회 투여하는데 이 경우 초기 백내장을 치료하는 데 성공한 기록이 있다. 단, 국내에서는 이러한 치료법이 통용된 기록이 없으므로 가급적 전문가의 감독 하에 투여하는 것이 좋다. 식물체에 함유된 Pyrrolizidine 알칼로이드는 간장에 특히 위해하므로 식물체를 복용 및 식용 목적으로는 권장하지 않는다.

• 번식
종자, 꺾꽂이(성숙한 줄기)

• 키우기
1 꽃집에서 모종을 구입한다.
2 양지에서 잘 자란다.
3 비옥한 사질 토양에서 잘 자란다.
4 수분은 보통으로 공급한다.
5 월동할 수 없다.

약용 식물로 유명하지만
약용을 안 하는
국화과 여러해살이풀　*Tanacetum parthenium*　30~60cm
휘버휴

 발칸 반도 원산의 휘버휴는 중세 유럽 시대부터 두통, 편두통, 관절염, 해열 치료제로 정평이 난 식물이었다. 자생지는 발칸 반도, 카프카스 등에 한정되어 있었지만 편두통 치료제로 인기를 얻으면서 지중해, 북남미, 호주 지역에서 흔히 재배한다.

① 전초
② 잎
③ 수확한 잎

영문 이름인 'feverfew'는 라틴어 febrifugia에서 따 온 단어로 '해열'의 뜻을 가지고 있다. '화란국화' 또는 '피버휴'라고도 한다.

국내 환경에서 키울 경우 6~9월 사이에 꽃을 볼 수 있는 전형적인 여름 꽃이며, 꽃에서는 국화과 특유의 진한 향기가 있다.

꽃은 흰색의 혀꽃과 중앙의 관상화로 되어 있으며 꽃과 열매에는 편두통, 관절염, 염증에 효능이 있는 Parthenolide 성분이 다량 함유되어 있다. Parthenolide 성분은 최근 항암 치료제로서의 가능성이 연구되고 있다.

줄기는 곧게 자라고 어긋난 잎은 타원형이며 2~3번 깃 모양으로 갈라진다. 잎의 길이는 2~10cm 정도이다.

최근 편두통 환자들이 대체 의약의 하나로 휘버휴의 신선한 잎을 매일 복용했는데 편두통에 효능이 있음이 알려졌다. 일반적으로 건조시킨 잎을 약용하지만 뿌리를 제외한 전초를 약용하거나 꽃과 잎을 우려 마시는 방법으로 약용한다.

키포인트

약용(꽃·잎), 관상용으로 사용한다.

• 이용법
건조시킨 꽃과 잎 또는 생잎을 뜨거운 물에 우려 복용한다. 가루를 낸 건조시킨 잎은 캡슐로 만든 뒤 복용하는데 만성 두통 예방에 효능이 있다. 체질에 따라 잎을 씹을 때 미각 상실, 복통, 소화 불량, 설사, 구토, 입에 궤양이 발생할 수도 있다. 만일 카모마일, 서양톱풀에 알레르기가 있다면 휘버휴의 약용을 피한다.

• 약성
편두통, 만성두통, 항염증, 항암에 효능이 있다.

• 번식
종자, 꺾꽂이

• 키우기
1 화원에서 상태 좋은 모종을 구입한다.
2 양지를 선호한다.
3 비옥한 토양에서 잘 자란다.
4 수분은 보통으로 공급한다.
5 겨울에 월동할 수 있다.

부작용 | 휘버휴의 몇몇 성분이 항응고제와 상호 작용하며 출혈을 촉발하므로 항응고제 성분이 함유된 아스피린 종류의 약과 함께 복용할 수 없다. 또한 당뇨, 간장약 복용자, 임산부, 2세 이하 아동은 휘버휴의 약용을 피한다.

설탕 300배의 감미
스테비아

국화과 여러해살이풀 Stevia Rebaudiana 60~90cm

스테비아 꽃

    설탕 300배에 달하는 감미가 있어 최근 국내에서 인기를 얻고 있는 식물이다. 허브 전문 식물원이나 동네 꽃집에서 손쉽게 구할 수 있는 식물이므로 가정에서 한 번쯤 키워 볼 만하다.
    원산지는 중남미 열대 지방이며 스페인의 식물학자 Petrus Jacobus Stevus의 이름에서 따 와 스테비아라는 이름이 붙었다. 잎

① 스테비아 분말을 설탕 대용으로 사용한 음료
② 전초
③ 잎
④ 건조시킨 잎

과 꽃을 섭취하면 설탕 300배의 단맛이 나므로 약용보다는 식용 목적으로 인기가 있다.

　스테비아를 상업적으로 이용한 국가는 일본이며 약 40년 전부터 사카린 대신 스테비아 성분을 여름 음료에 사용하였다. 스테비아의 단맛은 '스테비오사이드'라는 성분 때문인데 현재는 중국이 '스테비오사이드'를 제일 많이 수출하는 국가이다.

　줄기는 높이 60~90cm 정도로 자란다. 꽃의 크기는 지름 1cm 정도이고, 잎에는 톱니가 있고 잔주름이 있다. 보통 실내에서 키우기 때문에 겨울에도 꽃을 볼 수 있다.

키포인트

꽃과 잎에서 단맛이 난다. 날것으로 먹거나 맛내기 조미료로 활용한다.

- **이용법**

어린 잎과 꽃을 날것으로 식용한다. 어린 잎은 여름 음료의 맛내기나 데코레이션 용도로 적당하다. 잎 분말은 요리의 단맛을 내는 조미료로 사용한다. 건조시킨 잎도 국물 요리의 단맛을 내는 용도로 사용할 수 있다.

- **약성**

파라과이 원주민들이 강심제 목적으로 스테비아 차를 음용하였다. 설탕 대신 섭취하면 비만과 당뇨병 예방에 효능이 있을 것으로 연구되고 있다.

- **번식**

종자, 꺾꽂이, 포기나누기

- **키우기**

1 허브 전문 꽃집에서 모종을 구입한다.
2 양지에서 잘 자란다.
3 사질의 유기질 토양에서 잘 자란다.
4 수분은 보통으로 공급한다.
5 제주도에서 노지 월동 가능하고 중부 지방에서는 실내에서 키운다.

발기 불능에
효능이 있다고 믿었던
서던우드

국화과 여러해살이풀 *Artemisia abrotanum* 100cm

남유럽 스페인, 이태리 원산의 서던우드는 우리나라의 '가는잎 쑥 종류'와 비슷한 식물이다. 특유의 장뇌 향이 있어 신선한 잎을 얼굴에 문지르면 수염이 자라고 정력이 좋아질 뿐 아니라 남성미가 높아진다고 하여 원산지에서의 소년들은 서던우드 잎을 얼굴에 문지르곤

전초

했다. 실제 고대 그리스, 로마에서는 이불 밑에 서던우드 잎을 넣어 두었는데 이렇게 하면 정력이 좋아진다는 믿음 때문이었다. 그러나 식물체의 성분에는 정력에 좋은 성분이 없는 것으로 알려졌으며 단지 구충, 살균, 담즙 분비, 월경 촉진, 소화, 간에 효능이 있음이 연구되었다. 참고로, 약용할 경우 약간의 알레르기 성분이 있으므로 임산부는 피하는 것이 좋다. 쓴맛과 레몬 향미가 있는 잎은 조미료 용도로 사용하거나 허브 차로 음용할 수 있다. 식물체에 살충 성분이 있으므로 닭벼룩을 쫓기 위해 닭장 옆에 심을 수 있고, 잎을 짓이겨 샴푸처럼 사용하면 비듬이나 머릿니를 잡을 수 있다.

속명 *Artemisia*는 달의 여신이자 다산의 상징인 '아르테미스'에서 따 왔으며, 번식은 종자와 포기나누기로 할 수 있다.

식용 및 약용 식물로 유명한

국화과 여러해살이풀 *Chamaemelum nobile* 30~45cm

로만캐모마일(잉글리시캐모마일)

서유럽 원산이지만 북미, 아르헨티나에 널리 분포하는 국화과의 키 작은 식물이다. 캐모마일이란 이름이 붙은 식물 중 약용 및 식용이 가능한 식물로 일찍부터 인기를 얻었다.

줄기는 30~45cm 내외로 자라고 땅을 기는 성질이 있다. 잎은 2회 깃꼴로 잘게 갈라진다.

6~8월에 피는 꽃은 저먼캐모마일과 달리 꽃잎이 돔처럼 아래로 처지는 경우가 많다. 따라서 키가 작고 꽃잎이 아래로 처지면 로만캐모마일, 키가 상대적으로 큰 60~90cm 내외로 자라

① 잎
② 건조시킨 잎
③ 캐모마일 초코빵
④ 캐모마일 분말
⑤ 캐모마일 핸드크림

고, 꽃잎이 평평하게 펼쳐 있으면 저먼캐모마일 (*Matricaria recutica*)로 동정하는 경우가 많다.

　　캐모마일은 고대 이집트 시대부터 '스트레스'에 효능이 있는 약용 식물로 인기를 얻으면서 그리스 신에게 받치는 꽃으로 유명했다.

　또한 캐모마일 꽃은 염료 성분이 있어 머리카락을 밝게 만드는 샴푸 대용으로 사용하기도 하였다.

　유럽 민간에서는 황달이나 수종 치료에 캐모마일을 사용하였으며, 퇴비로서 가치를 인정받아 시들어가는 식물에 캐모마일 우린 물을 뿌리면 식물이 살아난다고 믿었다.

　캐모마일(Chamomile)의 유래는 그리스어 chamaimelon에서 왔는데 이는 Earth apple, 즉 '땅의 사과'라는 뜻을 가지고 있다. Earth apple은 캐모마일에서 사과 향이 나기 때문에 붙은 이름으로 보인다.

키포인트

관상용, 약용, 식용 목적으로 심는다. 전체적으로 쓴맛이 강하다.

● 이용법

꽃잎을 샐러드에 뿌려 먹는다. 꽃은 요리의 장식으로 사용하거나 허브 차로 마신다. 흔히 알려진 캐모마일 차는 이 식물의 꽃을 우려낸 것을 말한다. 건조시킨 잎으로 만든 분말 또는 에센셜 오일은 쿠키, 빵, 아이스크림, 알코올 음료의 맛내기로 사용하는데 특히 알코올 음료의 맛내기로 잘 어울린다.

살균 성분이 있는 에센셜 오일은 로션, 화장품, 비듬 치료용 린스, 목욕제, 헤어 컨디셔너를 만드는데, 특히 헤어 관련 제품으로 안성맞춤이다. 노란색 염료는 캐모마일 꽃의 관상화 부분에서 얻는다.

● 약성

잎, 꽃, 오일을 약용한다. 불면증, 신경 진정, 스트레스, 해열, 감기, 복통, 치통, 우울증, 두통, 신장, 간 질환, 방광, 건조열, 긴장, 소화 불량, 구토, 낙태, 식욕 감소, 관절염, 항염증, 천식에 효능이 있다. 과다 사용시 위장에 좋지 않은 영향을 줄 수 있으므로 적당량을 단기적으로 사용한다.

● 번식

종자, 꺾꽂이(봄)

키우기

1 허브 전문 꽃집에서 모종을 구입한다.
2 양지에서 잘 자란다.
3 유기질의 사질 토양을 좋아한다.
4 수분은 보통으로 관수한다.
5 강원도를 제외한 지역에서 일부 월동할 수 있다.

카레 요리와는
상관없는 국화과 관목성여러해살이풀 *Helichrysum italicum* 70cm
커리프랜트

원산지는 지중해 연안의 건조한 암석 지대나 모래 사장이다. 식물체에서 카레 향이 난다고 하여 '커리프랜트'라고 불리지만 실제로 카레처럼 강한 향이 나지 않고 카레 요리와도 상관없지만, 식용이 가능

한 허브 중 하나이다. 때때로 사람에 따라서는 미약하게 카레 향이 난다고 하는데, 특히 비 온 뒤 카레 향이 많이 난다고 한다.

줄기는 높이 60~70cm로 자라고, 여름에 탠지 꽃과 비슷한 노란색 꽃이 핀다. 줄기는 쓰러지는 경향이 있고, 회록색 잎은 바늘처럼 가늘다.

① 꽃
② 전초

커리프랜트를 요리에 사용할 때는 일반적으로 카레 풍미를 내는 용도로 사용할 수 있는데, 시판중인 카레 가루처럼 강한 카레 풍미는 나지 않는다.

키포인트

관상용, 포푸리 목적으로 재배한다. 잎을 씹으면 카레 향이 조금 있다.

● 이용법

어린 잎을 샐러드로 먹고, 꽃은 허브 차로 마신다. 건조시킨 잎은 요리의 향신료로 사용하는데 닭 요리, 마요네즈 요리와 잘 어울린다.
요리에 사용할 경우 미약하게 카레 향미를 내는 용도로 사용한다. 에센셜 오일은 쿠키, 아이스크림, 여름 음료, 껌의 맛내기로 사용한다. 건조시킨 잎은 포푸리를 만든다.

● 약성

약용 기록이 거의 없다. 최근 들어 에센셜 오일을 약용 목적으로 상품화하고 있다. 에센셜 오일은 습진, 타박상, 화상, 항염증에 효능이 있다.
아로마테라피로 사용할 경우 정서 안정, 스트레스, 피부 진정, 근육 이완에 효능이 있다.

● 번식

종자, 꺾꽂이

● 키우기

1 허브 전문 꽃집에서 모종을 구입한다.
2 양지에서 잘 자란다.
3 사질 토양을 좋아하고, 보습력이 많거나 비옥한 토양은 싫어한다.
4 수분은 보통보다 조금 건조하게 관수한다.
5 제주도를 포함한 남부 도서 지방에서 노지 월동 가능.

요리의 향신료로
사용하는 국화과 관목성여러해살이풀 Santolina chamaecyparissus 50cm
산톨리나(코튼라벤더)

지중해 연안의 스페인, 북아프리카에 분포한다. 라벤더와 비슷하다고 하여 '코튼라벤더'라는 별명이 있지만 라벤더와는 관련 없는 국화과의 식물이다.

줄기는 30~50cm 내외로 자라고 잎은 회록색이다. 꽃은 7~8월에

노란색의 단추 모양으로 피는데 암수꽃이 따로 있다. 열매는 8~9월에 성숙하므로 종자 번식을 원할 경우 이 무렵 채취해야 하며, 성장 속도는 매우 더딘 편이다.

생김새와 달리 식용 및 약용이 가능한 식물이며, 정원에서 키울 경우 '예루살렘 세이지'처럼 비슷한 색상의 식물과 특히 잘 어울린다.

키포인트

주로 관상용으로 키우지만 더러 식용하기도 한다.

• 이용법
잎을 곡물 수프에 넣거나 각종 소스의 맛내기 향신료로 사용한다. 특히 곡류와 잘 어울린다. 건조시킨 잎은 포푸리로 사용한다. 잎과 꽃에서 에센셜 오일을 추출해 향수에 사용한다. 꽃에서 노란색 염료를 얻는다. 창가에 줄기를 걸어두면 해충을 퇴치할 수 있다.

• 약성
벌레 물린 곳에 싱싱한 잎을 짓이겨 바른다. 건조시킨 꽃줄기와 잎을 달여 먹으면 살균, 구충, 소화, 월경 촉진에 효능이 있지만 과거와 달리 약용 목적으로 사용하는 경우는 거의 없다.

• 번식
종자, 꺾꽂이

• 키우기
1 허브 전문 꽃집에서 모종을 구입한다.
2 양지에서 잘 자란다.
3 토양을 가리지 않지만 가벼운 모래 토양에서 잘 자란다.
4 수분은 보통으로 관수한다.
5 노지에서 월동할 수 없다.

인디언의 약초
국화과 여러해살이풀 *Echinacea purpurea* 60~150cm

에키나시아(자주천인국)

①군락
②잎

　국내에서는 화단에 심는 꽃이지만 약용 식물로 더 유명하다. 알고 보면 미국 동남부 인디언들이 사용한 대표적인 약용 식물이다. 원산지에서는 초원이나 암석 지대에서 자란다.

　줄기는 높이 80~150cm 내외로 자라고, 잎은 어긋난다. 꽃의 지름은 10~12cm, 6~8월에 피고, 꽃잎이 아래로 처지는 경향이 있기 때문에 영어로는 콘플라워(Coneflower)라고 한다.

　에키나시아의 약성에 대해서는 이견이 분분하지만 초기 면역 시스템을 증강시키는 효능에 대해서는 일치하고 있다. 예를 들어 감기 초기에 에키나시아를 약용하면 감기와 싸우는 힘이 더 강해져 감기를 효과적으로 개선시킬 수 있다. 그러나 면역성 장애 같은 면역성에 문제가 있는 사람이 에키나시아를 약용할 경우 역효과가 나므로 주의해야 한다.

　원산지의 인디언들은 항생 기능이 있는 에키나시아를 요로 감염, 성병 등에 약용하기도 했지만 여기에 과학적으로 증명된 내용은 아직 없다.

키포인트

관상용으로 화단에 즐겨 키운다.

● **이용법**

어린 잎을 식용하기도 한다.

● **약성**

뿌리와 전초를 약용한다. 끓는 물 1컵에 말린 잎 2스푼을 넣어 허브 티처럼 마신다. 살균, 최음, 강장, 소화, 항염, 요로 감염, 성병, 인후통, 감기, 발한, 벌레나 뱀에 물린 상처에 사용한 기록이 있지만 대부분 과학적으로 증명되지 않았다.
일반적으로 초기 면역 시스템을 강하게 하므로 감기, 인후통 등의 초기 증세에서 약용하는 것이 가장 효과가 있다. 에키네시아 오일로 만든 건강 보조제는 납 중독 같이 각종 오염물에 오염된 경우가 많으므로 사용에 주의한다.

● **번식**

종자(초가을), 뿌리꽂이, 포기나누기

● **키우기**

1 꽃집에서 모종을 구입한다.
2 양지에서 잘 자란다.
3 점토질의 비옥한 부식질 토양을 좋아한다.
4 수분은 보통으로 관수한다.
5 노지에서 월동할 수 있다.

> **부작용** | 에키네시아의 여러 성분이 백혈구 감소, 면역성 장애 환자에게 문제를 야기할 수 있으므로 국내에서는 에키네시아 성분이 함유된 건강 보조제의 섭취를 금지하고 있다. 유럽의 경우 감기 치료 목적으로 10일 이내의 단기간 처방에 유효하며, 면역성이 약한 12세 이하 어린이와 임산부의 약용을 금하고 있다. 예를 들어 초기 독감, 인후통에 약용할 때 열이 더 많이 나거나 피로감 증가, 신규 고름 증가 등의 반대 효과가 날 경우 약용을 중단하고 전문가의 상담을 받는다.

이태리 요리에서 빼 놓을 수 없는 루꼴라(로켓)

십자화과 한해살이풀 *Eruca sativa* 20~100cm

루꼴라

지중해, 포르투갈, 모로코, 레바논, 터키 등에서 자생하는 십자화과 식물로서 우리나라의 유채 혹은 배추와 비슷한 식물이다.

일반적으로 *Eruca sativa*, *Diplotaxis tenuifolia*, *Diplotaxis muralis* 등의 3가지 품종이 알려져 있지만 샐러드로 즐겨 섭취하는 품종은 *Eruca sativa* 품종과 *Diplotaxis tenuifolia* 품종이다.

루꼴라 잎을 올린 피자

　Eruca sativa 품종의 경우 독일에서 중세 이전부터 샐러드로 섭취했지만 로마로 전래된 뒤, 이태리 요리의 맛내기로 사용하면서 세계적으로 인기 있는 식물이 되었다. 독일 사람들은 성적 흥분을 유도하는 최음 목적으로 이 식물을 식용하였다.

　루꼴라의 줄기는 높이 0.1~1m 내외로 자란다. 잎은 깊게 갈라지고, 잎자루에 날개가 있다. 꽃의 색상은 크림색이고, 지름은 2~4cm, 우리나라의 무꽃과 비슷하다.

　루꼴라의 식용 부위는 잎, 꽃, 씨앗인데 주로 잎을 식용한다. 맛은 쌉싸래하지만 실내에서 키울 경우 맛이 떨어질 수도 있다. 국내의 경우 이태리 레스토랑이 선풍적인 인기를 얻으면서 루꼴라도 함께 인기를 얻고 있다. 이태리어로는 루꼴라(Rucola)라고 불리지만, 영어로는 아루굴라(Arugula), 불어로는 로켓(Roquette)이라고 한다.

　국내에서는 양재 화훼 단지의 허브 전문 꽃집에서 루꼴라 모종을 구입할 수 있는데, 봄에 방문해야 구입할 수 있다.

키포인트

식용 목적으로 재배한다.

● **이용법**
어린 잎은 샐러드로 먹거나 조리해서 먹는다. 약간 두툼한 식감이 있고 품종에 따라 강력한 매운맛이 난다. 이태리의 리조토, 파스타, 스파게티, 피자, 수프, 스튜, 감자 요리, 육류 요리, 해물 요리, 여름 음료 등의 맛내기로 사용한다. 피자와 함께 섭취하기도 하는데 보통 피자를 완전히 구운 뒤 몇 장의 잎을 올려놓는 방식으로 섭취한다.
일반적으로 완성된 음식에 샐러드로 추가하여 섭취하는 경우가 많지만 국물 요리에 넣어 섭취하기도 한다. 꽃의 맛도 잎과 비슷하기 때문에 섭취할 수 있고 요리의 장식용으로 사용하기도 한다. 씨앗에서 추출한 오일은 유채 기름처럼 식용한다. 이 오일은 등불로 사용할 수도 있다.

● **약성**
전초에 비타민 C와 칼륨이 풍부하다. 최음, 항균, 괴혈병, 이뇨, 피부 발적에 효능이 있다. 특히 종자 오일에 최음 성분이 많다.

● **번식**
종자(봄~여름)

● **키우기**
1 허브 전문 꽃집에서 이른봄에 모종을 구입한다. 또는 종묘상에서 씨앗을 구입한다.
2 양지~반그늘에서 잘 자란다.
3 토양을 가리지 않고 잘 자란다.
4 수분은 보통으로 관수한다.
5 겨울에는 실내로 옮긴다.

염증에 효능이
있는 현삼과 여러해살이풀 *Antirrhinum majus* 30~100cm
금어초

금어초 꽃

　　프랑스, 포르투갈, 모로코, 터키, 시리아 등의 지중해 연안이 원산
이다. 꽃 모양이 붕어가 잎을 벌이고 있는 것 같다고 해서 '금어초'
또는 '금붕어꽃' 이라고 불린다. 화단에 관상용으로 즐겨 심는 꽃이
지만 약용할 수 있을 뿐 아니라 씨앗에서 추출한 오일은 올리브 오일

처럼 사람이 식용할 수 있다.

줄기는 높이 50~100cm 정도로 자라고 잎은 1~7cm 정도의 긴 타원형이다.

잎은 마주나지만 때때로 어긋나는 경우도 있다.

꽃의 길이는 3.5~4.5cm 정도이고 화관은 입술 모양, 꽃의 색상은 분홍색, 자주색, 노란색, 오렌지색, 라벤더색, 흰색 등이 있다. 꽃의 개화 시기는 파종 시기에 따라 다른데 가을에 파종하면 봄에, 봄에 파종하면 여름에 개화한다. 온실에서 키울 경우 겨울에도 꽃을 볼 수 있고 노지에서 키우는 것보다 비교적 오랫동안 꽃이 유지된다.

열매는 난형이고 열매 안에는 깨알 같은 씨앗이 들어 있다.

원래 지중해 원산이지만 대서양 연안의 이탈리아, 스페인, 포르투갈, 북아메리카의 정원에서 관화 식물로 흔히 키우며 그 후 전세계에 귀화하였다. 정원에서 키울 경우 팬지, 페튜니아와 특히 잘 어울린다. 왜성종 같은 원예종이 많이 보급되어 있으므로 원하는 품종을 키우면 된다.

원산지에서는 여러해살이풀이지만 우리나라에서는 한해살이풀로 취급한다.

① 노란색 금어초
② 금어초 군락
③ 금어초 잎

키포인트

관상용으로 즐겨 심는다.

- **이용법**

열매를 압착하면 저급 올리브 오일과 비슷한 오일을 얻을 수 있고 이 오일은 사람이 섭취할 수 있다. 러시아에서는 이 오일을 수확하기 위해 금어초를 대규모로 키우는 농장이 있다. 꽃은 녹색 염료의 재료로 사용한다.

- **약성**

말린 잎과 꽃을 약용하는데 내복약이 아닌 외용 목적으로 사용한다. 각종 염증, 각성제로서의 효능이 있다. 종양, 종기, 치질에 찜질팩처럼 도포한다.

- **번식**

종자(가을 또는 봄에 파종, 18도 온도에서 2~3주일 이내에 발아한다.), 꺾꽂이

- **키우기**

1 꽃집에서 모종을 구입한다.
2 양지에서 잘 자란다.
3 유기질의 점질 토양에서 잘 자란다.
4 수분은 보통으로 공급하고, 실내에서 키울 경우 저면 관수한다.
5 겨울에 노지에서 월동할 수 없다.

식물체 전체가 유독한 현삼과 여러해살이풀 *Digitalis purpurea* 50~200cm

디기탈리스(폭스글로브)

유럽 원산의 디기탈리스는 알려진 품종만 20여 종이 있고 다양한 하이브리드 품종이 있다. 대부분의 품종이 30~60cm 높이로 자라지만 *Digitalis purpurea* 품종의 경우 꽃대가 2m 높이까지 자란다. 잎의 길이는 10~35cm 정도이고, 잎과 줄기에는 털이 있다.

종 모양의 꽃은 일반적으로 보라색이지만 품종에 따라 분홍색, 노란색, 라벤더색, 흰색꽃이 피기도 한다.

① 꽃
② 뿌리잎
③ 루피너스

꽃의 안쪽에는 반점이 있고, 나비와 벌이 이 꽃을 좋아한다. 개화 시기는 심는 시기에 따라 4~5월에 피거나 7~9월에 피기도 한다.

　디기탈리스의 전초는 매우 유독한 독성이 함유되어 있다. 따라서 실내나 베란다에서 키울 경우 애완 동물과 아이들이 잎과 꽃을 섭취하지 않도록 주의한다. 일반적으로 정원에서 키우는 것이 좋은데 정원 경계면보다는 정원 중앙에 군락을 이루는 것이 좋으며 특히 '루피너스'와 잘 어울린다.

키포인트

관상용, 약용 목적으로 키운다.

● 이용법
꽃, 잎, 씨앗 등의 전초에 유독 성분이 있으므로 식용하지 않는다. 디기탈리스를 달인 물을 꽃병에 넣으면 꽃의 수명이 길어진다고도 한다. 꽃에서 녹색 염료를 얻는다.

● 약성
잎을 강심제, 이뇨제로 약용한다. 디기탈리스의 Digitoxin, Digoxin 성분이 심장 근육에 직접 영향을 주어 심장의 수축 세기나 심장 박동을 조절하여 심장을 강하게 하는 효과가 있지만 치사량 이상 약용시 구토, 중추 신경계 교란, 우울증, 설사, 심장 마비를 동반하다가 사망에 이를 수 있으므로 주의한다. 특히 부정맥 질환자는 약용을 피한다.

● 번식
종자, 포기나누기

● 키우기
1 꽃집에서 모종을 구입한다.
2 양지~밝은 그늘에서 잘 자란다.
3 유기질 토양, 산성 토양에서 잘 자란다.
4 수분은 보통보다 건조하게 관수한다.
5 노지에서 월동한다.

천식, 호흡기 질환에 좋은 현삼과 두해/여러해살이풀 *Verbascum L.* 0.5~3m

멀레인, 우단담배풀

유럽과 아시아에 분포하며 특히 지중해 지역에서 많이 자란다. 넓고 두터운 뿌리잎은 방석 모양으로 자란 뒤 2년째 되는 해에 높이 0.5~3m의 긴 줄기가 올라온다.

꽃잎은 5장이고 지름 1.5~3cm, 일반적으로 노란색이지만 품종에 따라 주황색, 보라색, 적갈색, 파란색, 흰색 꽃이 피는 경우도 있다.

세계적으로 약 250여 품종이 있다.

'그레이트 멀레인'이라고 불리는 우단담배풀(Verbascum thapsus)은 멀레인 품종 중에서 가장 인기 있는 품종 중 하나로서 주로 약용 목적으로 사용한다. 속명 Verbuscum은 라틴어 barba(수염)에서 유래된 것으로 잎의 털에서 이름 붙였다. 영어명인 멀레인(Mullein)은 라틴어 mollis(부드러움)에서 유래되었다.

① 전초
② 뿌리잎

역사적으로 보면 약 2,000년 전부터 약용 식물로 사용한 멀레인은 우단담배풀(Verbascum thapsus)이 고대 그리스의 Thapsos에서 사용되므로서 thapsus라는 종명이 붙었다. 고대 그리스의 의사 디오스코리데스(P. Dioscorides)는 폐 질환에 이 식물을 처방한 것으로 유명하다.

그리스 신화에서는 멀레인 줄기를 헤르메스에게서 받은 오디세우스가 이 식물로 마녀 키르케의 주술을 물리쳤다는 전설이 있는데, 그 후 이 식물은 귀신을 물리치는 식물로 주술사들에게 인기를 얻었다.

이 식물은 18세기경 세계 각국에 도입되어 북미에도 상륙했는데 초기에는 벨벳 질감의 잎이 푹신푹신한 휴지와 비슷해서 미국 서부에서는 '카우보이의 화장지'라는 별명이 붙었다. 이 잎은 식용이 가능하지만 일반적으로 잔털을 제거하고 식용한다.

꽃으로 만든 허브 티는 맛이 순하고, 건조시킨 잎으로 만든 허브 티는 쓰다.

- **이용법**

싱싱한 꽃과 잘 말린 꽃을 허브 티로 마신다. 건조시킨 잎은 약용하고 건조시킨 잎과 잔털은 촛불의 심지를 만든다. 꽃줄기는 왁스와 함께 횃불을 만든다. 씨앗은 물고기를 잡는다.

- **약성**

전초에 사포닌, 아구우빈, 정유 성분이 함유되어 있다. 잎을 푹 달이면 마른기침, 천식, 객담, 기침, 기관지염, 치질에 효능이 있다. 잎의 잔여물인 잔털은 섭취시 자극을 주므로 세세히 제거한다. 꽃에서 우려낸 오일은 코감기, 귀앓이, 배앓이, 동상, 습진, 종기, 등창에 바르거나 고약을 만들어 외용한다.
꽃에서 추출한 노란색 염료는 머리 염색에 사용한다. 약간의 마취 성분이 있는 씨앗을 풀어 물고기를 잡는다.

- **번식**

종자(늦봄~초여름)

- **키우기**

1 큰 화원에서 우단담배풀 모종을 구입한다.
2 양지에서 잘 자란다.
3 자갈이 많은 건조한 사질 토양에서 잘 자란다.
4 수분은 보통보다 건조하게 관수한다.
5 노지에서 월동한다.

> **부작용** | 잎과 씨앗에 살충 성분인 Rotenone와 항응고제 성분인 Coumarin 성분이 함유되어 있다. 약용 및 허브 티로 사용할 경우 과다 사용을 금한다. 살충 성분인 Rotenone은 인체에는 거의 무해하고 물고기 같은 어류에 강한 독성이다.

꽃을 사람이 섭취할 수 있는 무스카리

백합과 여러해살이풀 *Muscari neglectum* 5~20cm

무스카리 꽃

지중해 연안과 유라시아에 분포하며 40여 종의 유사종이 있다. 꽃의 생김새가 포도와 비슷하다고 해서 '그레이프 히아신스'라고도 불린다.

줄기는 높이 5~20cm 정도로 자라고 4~5월에 개화한다. 꽃대당

무스카리

보통 20~40개의 꽃이 총상화 서로 달리고 꽃의 색상은 파란색이거나 보라색이지만 품종에 따라 흰색 꽃이 피기도 한다. 일단 꽃이 피면 3~4주 동안 유지되므로 봄꽃으로 손색이 없다.

잎은 알뿌리에서 바로 올라오고 기다란 선 모양이고 길이 10~30cm, 보통 6~10장씩 달린다.

일반적으로 알려진 무스카리는 *Muscari neglectum* 속명을 가진 품종을 말하며 이 때문에 'Common Muscari'라고도 한다.

태셀 히아신스(*Muscari comosum*)는 흔히 보는 무스카리와 다른 형태의 꽃이 피는 품종으로서 알뿌리를 조리해 섭취하는 품종이다. 특히 태셀 무스카리는 찜질, 식욕 부진에 약용할 수도 있다.

이탈리안 무스카리(*Muscari botryoides*)는 꽃의 생김새가 일반 무스카리와 거의 비슷하지만, 미국 동부 원산이며 꽃을 섭취할 수 있는 품종의 하나이다.

속명 *Muscari*는 그리스어 'Moschos'에서 온 말로 꽃에서 사향과 비슷한 향기가 난다고 해서 붙은 이름이다. 품종에 따라 향기가 약할 수도 있다. 가정에서 키울 경우 특히 잘 어울리므로 보통 튤립 옆에 엑센트를 주는 용도로 즐겨 심는다.

키포인트
관상용으로 즐겨 심는다.

- **이용법**

꽃을 조미료처럼 각종 요리에 뿌려 먹는다. 이탈리안 무스카리(*Muscari botryoides*)는 꽃을 피클로 담가 먹기도 하므로 그와 같은 방식으로 섭취할 수 있다.

- **약성**

태셀 무스카리 외의 일반 무스카리는 약용 기록이 없다. 일반 무스카리의 경우 알뿌리의 식용이 가능하지만 Comisic acid 등의 미약한 독성이 있으므로 약용을 피한다.

- **번식**

종자(가을), 분구

- **키우기**

1 꽃집에서 모종을 구입한다.
2 양지~반그늘에서 잘 자란다.
3 사질토와 부엽토를 섞은 토양에서 잘 자란다.
4 수분은 보통으로 공급한다.
5 노지에서 월동할 수 있다.

AD 300년에 조리법이
책으로 나온 <small>백합과 여러해살이풀 *Asparagus officinalis* 100~150cm</small>

아스파라거스

아스파라거스 꽃

유럽, 서아시아, 북아프리카의 비옥한 해변가 모래사장에 분포하지만 현재는 중국, 페루, 미국에서 채소 작물로 대량 재배하고 있다. 어린 순을 식용하는 야채 작물로 유명하며, 어린 순은 맵지 않은 양파 향미를 가지고 있다.

줄기는 높이 1~1.5m 정도로 자라지만 온실에서 키울 경우 3~4m 까지 자라는 경우도 있다. 잎은 바늘 모양이고, 길이 0.5~3cm 정도 이다. 꽃은 6~8월에 피고 종 모양이며, 끝 부분이 6개로 갈라진다. 꽃의 색상은 연록색이거나 흰색이다. 열매는 붉은색이고, 지름

① 아스파라거스 수프, 바질 잎, 비타민 잎
② 줄기
③ 열매

0.6~1cm 정도이다. 열매는 독성이 있으므로 일반적으로 식용하지 않는다.

역사적으로 아스파라거스는 약 2만 년 전부터 재배 및 식용한 것으로 알려져 있다. 최초에는 그리스 지역에서 식용 및 약용하였는데 그

④ 잎
⑤ 어린 순

후 서아시아와 남유럽에 전파되었고, 이 후 고대 로마인들이 신선한 잎과 건조시킨 잎을 야채처럼 식용하였다.

기록에 의하면 AD 300년경 아스파라거스의 조리법을 다룬 책이 나왔다고 하므로 식용의 역사가 꽤 긴 것을 알 수 있다.

그 후 중세 유럽의 수도원 위주로 재배되었던 아스파라거스는 프랑스 왕실에서 재배하는 식물로 인기를 얻었고, 19세기경에는 아메리카 신대륙에 전파되었다.

현재는 미국, 네덜란드, 스페인, 프랑스, 독일, 일본 등지에서 아스파라거스를 이용한 요리가 인기를 얻고 있다. 특히 아스파라거스를 이용한 요리 문화가 발달한 독일은 매년 아스파라거스 축제까지 열리고 있다.

아스파라거스의 최대 재배국은 중국, 페루, 유럽, 미국, 일본 순이며 이 가운데 중국이 전 세계 아스파라거스의 약 90%를 출하하고 있다. 소비국은 미국, 유럽, 일본 순이므로 아무래도 선진국형 채소 작물이 아닐까?

키포인트

식용 및 약용 목적으로 재배한다. 국내에도 이른봄에 어린 순을 출하하기 위해 재배하는 농가가 점점 많아지고 있다. 국내의 경우 3~4월이면 마트에서 아스파라거스 어린 순을 판매한다. 독일을 기준으로 볼 때 4~6월이 아스파라거스 소비 피크이다.

● 이용법
20~30cm 길이의 어린 순을 식용한다. 어린 순이 조금 더 자라면 바로 목질화되므로 어린 순일 때 바로 수확한다. 어린 순은 샐러드, 볶음, 튀김, 절임으로 먹는데 특히 버터류와 볶아 먹으면 맛있다. 미식가용 요리는 대개 닭고기, 쇠고기 등에 싸 먹는 방식이다. 야채처럼 끓여 먹거나 쪄 먹을 수 있고, 수프에 가루를 넣어 먹는다. 열매는 독성이 있으므로 식용할 수 없다. 씨앗은 볶아서 커피처럼 우려내 마신다. 야채로 식용할 경우 전초에 살충제 같은 약간의 독성이 있으므로 한 번에 과다 섭취를 피한다.

● 약성
늦봄에 뿌리를 수확해 약용하거나 싱싱한 순 또는 건조시킨 순을 약용한다. 항산화, 신장, 심장, 간 질환, 무기력, 변비, 고혈압, 이뇨, 진정, 강장, 황달, 발한, 설사제, 방광염에 효능이 있고 비타민 C가 풍부하다

● 번식
종자(암수딴그루이다), 포기나누기(이른봄)

● 키우기
1 허브 전문 꽃집에서 모종을 구입한다.
2 양지에서 잘 자란다.
3 토양을 가리지 않지만 사질 점질 혼합토를 권장한다.
4 수분은 보통으로 관수한다.
5 노지에서 월동할 수 없다.

골파가 바로
이것 　백합과 여러해살이풀　*Allium schoenoprasum*　30~50cm
차이브

　유럽, 아시아, 북미에 자생하는 양파와 비슷한 식물로서 우리나라의 '골파'와 같은 식물이다.
　영명 Chives는 라틴어 Cepa(양파)에서 유래되었고, 종명 *schoenoprasum*은 그리스어 skhoinos(사초)와 prason(부추)를 조합한 단어이다. 잎이 파에 비해 가늘기 때문에 '골파' 라고 하며, 양파류 식물 중에서 신·구 대륙에 동시에 분포하는 유일한 식물이다.

줄기는 높이 30~50cm로 자라고, 뿌리는 길이 2~3cm의 원뿔 모양이다. 잎의 길이는 25~40cm, 쪽파 잎보다 가늘고 둥근 관 모양이며, 속은 비어 있다.

4~6월에 개화하는 꽃은 분홍색이거나 연한 파란색이고, 꽃잎은 6개, 20~30개의 자잘한 꽃이 둥글게 모여서 핀다. 이 꽃을 꿀벌이 좋아하고, 부케로 사용하기도 한다.

차이브의 식용 역사는 약 5천 년 전부터라고 추정된다. 인후염이나 화상에 차이브를 사용한 것은 고대 로마 시대부터이며 이후 중세 유럽에서는 식용 목적으로 재배하기 시작하였다.

① 군락
② 잎

지금의 차이브는 식용 목적으로도 즐겨 심지만 관상용으로도 인기 만점이다. 관상용으로 심을 경우 정원 경계면에 심는 것이 좋으며, 인기 있는 품종으로는 *Blue Spear*, *Alba*, *Curly Mauve* 품종이 있다. 또한 *Forescate* 품종은 높이 60cm로 자라고, 'Shepherd's Crook' 품종은 잎이 비틀어져 자란다.

차이브를 식용할 때는 보통 잎 몇 개를 놔 두는데 남겨 둔 잎은 이 식물을 계속 성장하게 해 준다. 차이브는 약용하기도 하지만 일반적으로 마늘이나 양파에 비해 약용 효능이 많이 떨어진다.

키포인트

관상용, 식용 목적으로 키운다.

● 이용법
꽃, 잎, 뿌리를 식용한다. 잎은 연한 양파 향이 난다. 싱싱한 잎 또는 건조시킨 잎을 식용한다. 싱싱한 잎은 각종 샐러드나 샌드위치에 넣어 먹고 수프, 생선 요리, 감자 요리, 치즈 요리의 맛내기로 사용한다. 뿌리는 양파처럼 조리해 먹는다. 꽃은 샐러드의 장식용으로 사용하거나 식용 꽃으로 섭취한다.

● 약성
잎은 비타민 A, B1, C가 풍부하고 칼슘, 인, 칼륨, 섬유질이 함유되어 있다. 소화, 혈액 순환, 식욕 개선에 효능이 있다. 식물의 즙은 살균, 구충, 해충 박멸에 효능이 있다.

● 번식
종자, 포기나누기(겨울)

● 키우기
1 허브 전문 꽃집에서 모종을 구입한다.
2 양지~밝은 그늘에서 잘 자란다.
3 토양을 가리지 않지만 점질토를 더 좋아한다.
4 수분은 보통으로 관수한다.
5 노지에서 월동할 수 있다.

알뿌리를 식용하는 글라디올러스
붓꽃과 여러해살이풀 *Gladiolus L.* 80~150cm

다년생의 구근 식물인 글라디올러스(Gladiolus)의 이름은 그리스어 'xiphos'에서 유래되었으며 이는 Sword(검)를 뜻한다.

세계적으로 260여 품종이 있는 글라디올러스는 250여 품종이 열

① 주황색 품종
② 흰색 품종
③ 분홍색 품종

대 아프리카와 남아프리카가 원산이고, 나머지 10여 품종이 유럽, 아시아에서 자생한다. 아프리카 품종의 글라디올러스는 17~18세기경 유럽에 전파되었고, 이 후 1만 종 이상의 하이브리드 품종이 탄생하였다.

17~18세기경의 글라디올러스는 약용 식물로 이용된 기록이 있지만 주로 복통 치료 같은 극히 일부 질환에 약용하였고, 근래에 와서는 약용 식물로 사용하는 경우는 거의 없다.

글라디올러스의 줄기는 높이 80~150cm 내외로 자라고 검 모양의 잎이 7~9개씩 달린다.

꽃은 수상화서로 10~20개씩 붙는데 같은 방향을 향해 달리고, 꽃의 모양과 색상은 품종에 따라 흰색, 빨간색, 오렌지색, 주황색, 크림색, 보라색 등 천차만별이다. 때때로 꽃의 크기가 비정상적으로 큰 품종도 볼 수 있는데 이들은 꽃의 크기를 키운 하이브리드 품종이다.

글라디올러스의 화려한 꽃은 부케와 꽃병용 절화로도 인기가 많다.

키포인트

관상용으로 즐겨 심는다.

● 이용법
하이브리드 품종이 아닌 아프리카 원산의 *Gladiolus permeabilis* 품종과 *Gladiolus quartinianus* 품종 등의 원종들의 알뿌리를 식용한다. 알뿌리의 맛은 밤 맛과 비슷한 경우도 있다. 시중에서 볼 수 있는 품종들은 대개 하이브리드 품종이므로 알뿌리의 식용을 피한다.

● 약성
알뿌리와 꽃대를 복통 치료에 사용한 기록이 있지만 현재는 약용하지 않는다. 글라디올러스는 대개 독성이 있으므로 잘못 섭취하거나 약용하면 피부 발진 등의 알레르기가 발생할 수 있다.
Gladiolus permeabilis 품종이나 *Gladiolus quartinianus* 품종처럼 일부 원종에 한해 알뿌리를 조리해서 먹는다.

● 번식
종자(이른봄), 알뿌리

● 키우기
1 허브 전문 꽃집에서 모종을 구입한다.
2 양지에서 잘 자란다.
3 점토질과 부식질이 혼합된 토양에서 잘 자란다.
4 수분은 보통으로 관수한다.
5 월동에 필요한 온도는 3~5도 이상이다.

암 치료 대체 요법인 Essiac Tea로 유명한
소렐

마디풀과 여러해살이풀 *Rumex Acetosa* 30~60cm

소렐 잎

화살촉 모양의 잎을 가진 소렐은 우리나라의 마디풀과 식물인 '소리쟁이'나 '수영'과 비슷한 식물이다. 유라시아에 분포하지만 북미와 영국의 온대지방에 귀화하였고, 경작지 침해 식물로 지정될 정도로 왕성한 번식률을 자랑한다.

뿌리잎은 10~15cm 정도이고, 줄기는 높이 60cm, 꽃은 6~8월에 핀다. 비록 블루베리 농장 등에서는 잡초로 취급당하는 경작지 침범 식물이지만 약용 효능이 높을 뿐 아니라 식용이 가능하기 때문에 원산지에서는 식용 목적으로 재배하기도 한다. 잎을 씹으면 톡 쏘는 레몬 향이 난다.

키포인트

꽃, 잎, 뿌리, 씨앗 등의 전초를 식용 및 약용할 수 있다.

- **이용법**

어린 잎은 샐러드로 먹거나 조리해 섭취한다. 각종 수프, 퓌레를 만든다. 꽃은 조리해 먹거나 요리의 고명으로 사용한다. 건조시킨 뿌리는 분말을 만들어 국수를 만들 때 사용한다. 뿌리에서 회갈색 염료를, 줄기와 잎에서 회청색 염료를 얻는다. 잎을 짓이겨 바르면 잉크 얼룩을 지울 수 있다.

- **약성**

신선한 잎 또는 건조시킨 잎을 이뇨, 설사제, 괴혈병에 사용한다. 뿌리는 결석, 황달, 각종 출혈 증상에 효능이 있다. 항염증, 항암 성분이 있는 것으로 알려져 암 치료 목적의 대체 요법인 'Essiac Tea'로 마시기도 한다.

- **번식**

종자, 포기나누기(봄)

- **키우기**

1 허브 전문 식물원에서 모종을 구입한다.
2 양지~반그늘에서 잘 자란다.
3 비옥한 토양에서 잘 자란다.
4 수분은 보통으로 공급한다.
5 노지에서 월동할 수 있다.

‖ **팁 박스** ‖ Essiac Tea란 암 치료 효능이 있을 것으로 추정되는 식물들을 차로 마시는 것을 말하며, 최초에는 북미 인디언들이 시작하였다. 실제로는 차가 아니라 우리의 한약에 가까운 달임약을 복용하는 대체 요법이다. 캐나다의 간호사인 Rene Caisse가 자신의 이름을 거꾸로 해서 명명하면서 암 치료 대체 요법을 찾는 사람들에게 인기를 얻었다.

바닐라 향이 나는 헬리오트로프

지치과 여러해살이풀 *Heliotropium arborescens* 1~2m

헬리오트로프 꽃

　250여 유사종이 있는 헬리오트로프 중에서 특히 알려진 품종은 페루, 에쿠와도르에서 자라는 *Heliotropium arborescens* 품종이다. 흔히들 *Heliotropium peruvianum* 품종이 알려져 있는데 최근 이 속명이 *Heliotropium arborescens*으로 변경되었으므로 같은 품종을 뜻한다. 속명 *Heliotropium*는 꽃이 햇빛을 향해 움직인다고 하여 붙은 이름이다. 꽃에서는 바닐라 향 또는 초콜릿 향이 나기 때문에 '페루향수초' 라는 별명이 있는데, 지금은 헬리오트로프의 하이브리드 품종 중 하나를 페루향수초라고 부른다.

줄기는 높이 1~2m로 자라지만 하이브리드 품종은 50~60cm 정도로 자라는 왜성종 품종이 많다. 잎의 길이는 3~10cm 정도의 달걀형이고 잎자루는 짧고 잎의 끝 부분이 뾰족하다.

노지에서 키울 경우 5~9월에 꽃을 볼 수 있지만 온실에서 키울 경우 겨울에도 꽃을 볼 수 있다.

꽃은 산방화서로 자잘한 꽃이 모여 달리고 꽃의 색상은 자주색 또는 보라색이며, 품종에 따라 흰색이나 라벤더색 꽃이 피는 품종도 있다. 꽃의 색상은 시들 무렵이 되면 흰색으로 바래진다.

①전초
②잎

꽃에서 추출한 오일은 향수 제조에 사용하기 때문에 남유럽에는 헬리오트로프를 대규모로 재배하는 농장도 있다.

열매는 둥근 모양이며 씨앗에 독성이 있으므로 사람이 식용할 수 없다.

국내에서는 관상수로 인기가 많지만 페루의 잉카족이 이 식물을 해열약으로 사용한 기록이 있다.

원산지에서는 여러해살이풀이지만 국내에서는 한해살이풀로 취급한다. 국내 환경에서는 밤에 영상 0도 이하로 내려가지 않는 온실이나 베란다에서 키우는 것이 좋으며, 겨울에 영상 6~7도 이상을 유지하면 한겨울에도 꽃을 볼 수 있다.

키포인트

향기를 맡기 위한 관상용으로 즐겨 심는다.

● 이용법
꽃에서 에센셜 오일을 추출해 향수 제조에 사용한다. 열매 씨앗에는 독성이 있으므로 식용을 피한다. 알레르기에 민감한 사람은 잎의 접촉을 피하는 것이 좋으며 특히 눈에 접촉되지 않도록 한다.

● 약성
잎을 약용한다. 해열, 인후염, 이뇨, 해독, 자궁 변위증 등에 효능이 있다.

● 번식
종자(2월, 온실에서 파종), 꺾꽂이(7~8월)

● 키우기
1 꽃집에서 모종을 구입한다.
2 양지~반그늘에서 잘 자란다.
3 비옥한 토양을 좋아한다.
4 수분은 보통으로 공급한다.
5 월동할 수 없으므로 베란다나 온실에서 키운다.

상큼한 오이 맛이 나는 허브

지치과 한해/두해살이풀 *Borago officinalis* 60~100cm

보리지

시리아, 북아프리카 원산이지만 지중해, 유럽, 소아시아에 귀화하여 분포한다. 별 모양의 꽃 때문에 'Star Flower'라는 별칭이 있다.

줄기는 높이 100cm 내외로 자라고 줄기와 잎에 억센 털이 있다. 잎은 타원형이고 길이 5~15cm 내외, 깊은 주름이 있으며, 신선한 잎은 오이 향이 난다.

① 전초
② 잎

꽃은 별 모양이며 꽃잎은 5개로 갈라져 있고 역시 오이 냄새가 난다. 꽃의 색상은 연한 파란색이지만 때때로 분홍색과 흰색 꽃도 볼 수 있다. 씨앗에서 추출한 오일은 식용할 수 있고 이 오일을 추출하기 위해 재배하기도 한다.

보리지는 식용 및 약용 역사가 길다. 고대 유럽에서의 보리지는 알코올 중독으로 인한 건망증에 효능이 있거나 마음을 들뜨게 하고 행복을 증가시킨다고 믿었다.

십자군 원정 당시 유럽에서는 심신이 쇠약한 병사를 달래기 위해 보리지 술을 사용했다.

17세기경의 보리지는 건강 염려증(자신의 증세를 확대 해석하여 자신이 심각한 질병에 걸려 있다고 염려하는 증세), 우울증, 깊은 수심에 처방하였다.

19세기경 보리지는 샐러드, 약용 목적의 약초로 일반 서민들에게도 널리 인기를 얻었다.

현대에 와서 스페인, 그리스, 독일의 일부 지방에서는 야채처럼 보리지를 식용하고 있고, 독일의 유명한 '그린소스'에는 9가지의 허브가 들어가는데 이 중 보리지도 포함된다.

속명 *Borage*는 줄기와 잎에서 볼 수 있는 털에서 유래한 것으로 '양모', '강모', '용기'라는 단어를 뜻한다. 이 때문에 보리지의 꽃말은 '용기'라고 한다.

키포인트

꽃과 잎을 식용 및 약용한다.

- **이용법**

꽃을 설탕에 졸여 식용한다. 꽃을 케이크, 여름 음료의 장식으로 사용한다. 어린 잎을 샐러드로 먹거나 분말을 내어 각종 빵을 만들 때 넣는다. 다진 잎을 수프에 넣는다. 데치거나 튀기면 오이 향이 날아가기 때문에 보통 싱싱한 상태의 잎과 꽃을 사용한다.

건조시킨 꽃과 잎은 포푸리를 만든다. 꽃에서 파란색 염료를 얻는다.

- **약성**

진정, 이뇨, 해열, 변비, 감기, 기관지염, 항염증에 효능이 있다. 우울증에 특히 효능이 높다. 간 관련 질환이 있는 사람은 약용을 피한다. 씨앗은 혈압 강하에 효능이 있고, 씨앗 오일은 피부 진정, 정맥 염증에 효능이 있다. 차로 마실 때는 1컵의 뜨거운 물에 싱싱한 잎 4분의 1컵 또는 건조시킨 잎 2티스푼을 넣어 우려 마신다.

- **번식**

종자

- **키우기**

1 꽃집에서 모종을 구입한다.
2 양지에서 잘 자란다.
3 토양을 가리지 않지만 사질토, 마사토에서 특히 잘 자란다.
4 수분은 보통으로 공급한다.
5 남부 지방에서 월동할 수 있다.

> **부작용** | 보리지에는 간암을 유발하고 간을 손상시키는 성분이 함유되어 있으므로 약용 및 식용할 경우 소량 섭취를 원칙으로 한다.

처녀성을 복원시킨다는 컴프리

지치과 여러해살이풀 Symphytum officinale 60~120cm

영국, 아일랜드를 포함한 유럽, 터키, 시베리아에 분포하는 약용 허브이다. 원산지에서는 주로 하천 주변 같은 물가에서 자생한다. 국내 식물원에서도 노지에서 키우는 것을 흔히 볼 수 있다.

줄기는 높이 60~90cm로 자라고, 식물체 전체에 빽빽한 털이 있다. 어긋난 잎은 넓은 바소꼴이며 하단 잎은 잎자루가 있고 상단잎은 잎자루가 없다.

6~7월에 피는 꽃의 색상은 분홍색, 흰색, 노란색, 자주색 등이 있다. 꽃의 모양은 종 모양이며 끝 부분이 5개로 갈라진다.

역사적으로 볼 때 컴프리는 알렉산더 대왕의 병사들이 전쟁에서 얻은 상처를 치료한 약용 허브로 유명하다. 또한 중국에서는 약 2,000년 전부터 컴프리를 약초로 사용한 기록이 있다.

컴프리의 전초

중세 유럽에서는 결혼 전 여인들이 순결한 옛 모습으로 돌아가기 위해 컴프리 물로 목욕을 했는데, 이렇게 하면 자신의 처녀막이 복원된다고 믿었다.

컴프리(Comfrey)의 이름은 러시아에서 유래된 말이며, 영국에서는 Knitbone이라는 이름으로 더 많이 알려져 있다.

키포인트

관상용, 약용, 식용 목적으로 키운다.

● 이용법
어린 잎은 날것으로 먹거나 조리해 먹지만 맛은 썩 좋지 않다. 뿌리는 잘게 썰어 수프에 넣어 먹는다. 말린 잎은 허브 차로 마신다. 볶은 뿌리는 커피처럼 우려 마시는데 커피 맛과 비슷하다.

● 약성
잎이나 뿌리를 약용하거나 외용한다. 뜨거운 물 1컵에 말린 잎 2스푼, 또는 신선한 잎 4분의 1컵을 넣고 우려 마신다. 각종 상처 치유, 항염, 햇볕에 탄 화상, 염좌, 타박상, 무좀, 연골 성장 촉진, 골절된 뼈 접합 후 상태 호전, 관절염, 인대 손상 등에 효능이 있다. 타박상, 피부염 등에는 우려낸 물을 외용한다. 우려낸 물을 복용할 경우에는 부작용에 주의한다. 한방에서는 소화, 위산 과다, 빈혈, 종기 등에 약용하거나 외용한다.

● 번식
꺾꽂이

● 키우기
1 허브 전문 꽃집에서 모종을 구입한다.
2 나무 밑 반그늘에서 잘 자란다.
3 토양을 가리지 않고 잘 자란다.
4 수분은 보통으로 관수한다.
5 월동할 수 있다.

부작용 | 컴프리 역시 간에 좋지 않은 성분이 있고, 이 독성 물질은 컴프리의 뿌리에 더 많이 함유되어 있다. 따라서 컴프리를 약용할 경우 간 질병이 있는 환자와 임산부는 피하는 것이 좋다. 과다 약용할 경우 간 독성을 일으키고 간암을 유발할 수 있으므로 컴프리를 약용하려면 복용 기간을 짧게 해야 하며, 치사량 이상 복용하지 않도록 주의한다. 몇몇 허브 전문가들은 복용을 금하고 외용만 권장하는 경우도 있다. 컴프리의 독성이 발견된 것은 1980년대이며, 그 후 미 FDA에서는 컴프리의 식용을 금하고 있지만, 그 이전에는 녹즙으로 마실 정도로 인기가 많았다.

차로
우려 마시는 잎 벼과 여러해살이풀 *Cymbopogon citratus* 180cm
레몬그라스

레몬그라스의 꽃

인도와 스리랑카 원산의 레몬그라스는 잎에서 레몬 향기와 단맛이 나는 벼과 식물이며, 열대 아시아에서 식용 목적으로 흔히 재배한다. 잘게 썬 잎은 차로 마실 수 있고, 분말은 각종 바비큐 요리의 향신료로 사용한다.

줄기는 높이 1.8m 내외, 너비 1.5m 정도로 퍼지면서 자라고 성장

① 레몬그라스
② 잎
③ 건조시킨 잎

속도가 매우 빠르다. 긴 줄 모양의 잎은 길이 0.9m로 자라며 우리나라의 벼와 비슷하지만 레몬 향이 진하게 난다. 건조시킨 잎을 향신료로 사용할 경우 목에 걸릴 수 있으므로 보통 분말화시켜 식용한다.

  정원에서 키울 경우 산책로 등에 심을 수 있지만 잎이 날카로우므로 사람의 통행이 많지 않은 장소에 심는다. 원산지에서는 여러해살이풀이지만 국내 환경에서는 한해살이풀로 취급한다.

키포인트

식용 및 관상용으로 심는다.

● 이용법
단맛과 레몬 향이 나는 잎을 잘게 썰어 차로 마신다. 돼지 바비큐, 치킨 바비큐, 쇠고기, 생선 요리, 해산물 요리의 조미료로 사용하고 수프, 카레에 넣어 먹는다. 계절 음료에 넣거나 각종 볶음 요리에 사용하기도 한다. 주로 필리핀, 태국 요리에 레몬그라스를 이용한 음식이 많으므로 잎을 잘게 썰어 사용하기도 하고 분말을 만들어 사용하기도 한다.
레몬그라스 오일은 화장품이나 양초를 만들 때 사용하는데, 레몬그라스 양초는 모기를 쫓아내는 효능이 있다.

● 약성
건조시킨 잎 2스푼 또는 신선한 잎 4분의 1컵을 뜨거운 물 1컵에 우려 마신다. 방부제, 해열, 위경련, 관절염, 기침, 천식, 방광 장애, 당뇨, 고혈압, 소화, 헛배 부름에 효능이 있고 특히 어린이의 소화에 효능이 있다.

● 번식
종자, 포기나누기

● 키우기
1 허브 전문 꽃집에서 모종을 구입한다.
2 양지~반그늘에서 자란다.
3 점토질의 유기질 토양을 좋아한다.
4 수분은 보통으로 공급한다.
5 월동할 수 없으므로 실내에서 키운다.

여드름, 여성병에 효능이 있는
장미과 여러해살이풀 *Alchemilla vulgaris* 40~60cm
레이디스맨틀

레이디스맨틀 꽃

유럽 남부 원산의 장미과 식물로서 세계적으로 300여 유사종이 있다. '레이디스맨틀'은 성모마리아의 망토를 뜻하며, 잎 모양이 망토 모양을 닮았다 하여 붙었다. 약효면에서는 무월경, 월경 장애, 폐경기 장애, 월경 과다, 자궁 경부염, 자궁 섬유종 등의 여성병에 특히 좋은 허브이다.

이 식물 외에 Alchemilla xanthochlora(Alchemilla mollis), Alchemilla alpina 품종도 대개 비슷한 효능이 있는 것으로 알려져 있는데 예로부터 약용한 식물은 Alchemilla vulgaris와 Alchemilla alpina 품종이다.

Alchemilla xanthochlora 또는 Alchemilla mollis 속명이 붙은 품종도 레이디스맨틀이라고 불리는데 약효는 Alchemilla vulgaris 품종과 거의 비슷하므로 약효면에서는 동등하게 취급해도 상관없어 보인다.

①전초
②잎

줄기는 높이 40~60cm로 자라고 잔가지가 많이 갈라져 너비 70cm 내외로 퍼지며 자라는 것이 특징이다.

잎은 심장형이며 가장자리에 파도 모양으로 갈라진 톱니가 있고, 잎자루에는 부드러운 털이 있다. 손바닥 모양의 잎은 비 오는 날 물방울이 송글송글 맺히는 것으로 유명하다.

꽃은 6~9월에 산방화서로 개화하고 녹색~노란색의 자잘한 꽃이 모여 달린다. 언뜻 보면 꽃처럼 보이지 않기 때문에 꽃을 보려면 자세히 관찰해야 한다.

참고로, 속명 Alchemilla는 연금술(alchemy)에 이 식물이 사용되어서 붙었다고 한다.

키포인트

어린 잎과 뿌리는 다소 떫은 맛이 난다.

● **이용법**

어린 잎과 뿌리를 식용한다. 잎을 사용한 차가 시중에서 판매되고 있다.

● **약성**

어린 잎을 차로 마시면 월경 과다, 폐경기 장애, 자궁 경부염, 자궁 섬유종 등의 주로 여성병에 효능이 있다. 건조시킨 잎과 줄기는 류머티즘, 설사, 지혈, 강장, 결막염에 효능이 있다. 각종 타박상과 상처에는 외용하며 여드름에는 잎을 짓이겨 바른다.

● **번식**

종자, 포기나누기(봄, 가을)

● **키우기**

1 꽃집에서 모종을 구입한다.
2 양지~그늘에서 잘 자란다.
3 토양을 가리지 않으나 유기질 토양을 좋아한다.
4 수분은 보통으로 공급하는데, 가뭄에는 약하므로 건조하지 않도록 관리한다.
5 월동할 수 없으므로 실내에서 키운다.

치아 미백에 좋은 와일드스트로베리

장미과 여러해살이풀 *Fragaria vesca* 30cm

 와일드스트로베리는 지구 북반부에 자생하는 야생 딸기 중 하나이다. *Fragaria vesca* -. *Cham & Schltdl.* 품종의 경우 미국에서 자생한다. 자생지에서는 강둑, 언덕, 자갈밭, 바위틈, 길가, 숲가에서 흔히 볼 수 있고 염색체 수는 2배체(2n)이다.

줄기는 높이 30cm로 자라고 줄기와 잎에 잔털이 많다. 잎은 3출엽이고, 꽃은 4~5월에 흰색으로 핀다. 지름 1.5cm의 열매는 날것으로 식용하거나 케익 같은 제빵류에 장식용으로 사용한다. 신선한 잎과 건조시킨 잎은 허브 차로 마시고, 잎의 달임은 이뇨, 설사, 이질의 약으로 사용한다. 또한 잎의 분말을 치약과 함께 사용하면 치아 미백에 효능이 있다.

번식은 종자 또는 러너 번식으로 할 수 있고, 비옥한 토양에서 잘 자란다. 반음지에서도 성장할 수 있지만 이 경우 열매 생산량이 떨어지므로 양지에서 키우는 것이 더 좋다.

발기 불능을 치료한다는 장미과 여러해살이풀 *Agrimonia eupatoria* 0.5~2m
아그리모니(짚신나물 종류)

세계적으로 15여 품종이 있고 주로 지구 북반부에 자생한다. 국내에 자생하는 근연종으로는 짚신나물(Agrimonia pilosa)과 산짚신나물(Agrimonia coreana)이 있는데 아그리모니와 거의 비슷한 식물이라고 할 수 있다. 줄기는 품종에 따라 0.5~2m로 자라고, 잎은 깃모양의 겹잎이다. 6~9월에 피는 노란색 꽃은 우리나라의 짚신나물

짚신나물 꽃

꽃과 거의 똑같다.

  어린 잎, 말린 잎, 말린 꽃은 차로 마시고 종자는 기근기에 식용한다. 꽃과 전초를 약용할 경우 혈액 정화, 이뇨, 강장, 황달, 실성증, 설사, 담즙에 효능이 있다. 강하게 달인 즙은 피부염, 치질, 외상에 외용하고, 꽃은 각종 염증과 바흐꽃 처방에 사용한다.

  중세 유럽에서는 발기 불능을 치료하기 위해 우유에 삶아 먹었고, 맥주에 삶아 먹으면 반대 효과가 나타났다고 한다. 이 식물은 또한 우리의 짚신나물처럼 어린 잎을 조리해서 먹을 수 있을 것으로 추정되는데 과다 섭취하면 변비를 유발할 수 있다. 번식은 종자와 포기나누기로 한다.

설탕 1천 배의 단맛이 나는
마편초과 여러해살이풀　*Phyla dulcis*　1m
멕시칸스위트 허브

멕시칸스위트 허브

멕시코 남부와 카리브해 연안에서 자생한다. 국화과의 '스테비아' 처럼 단맛이 나는 식물이며, 설당의 1천 배에 달하는 당도가 있지만 진한 장뇌 향과 불쾌한 쓴 맛이 나기 때문에 날것으로는 섭취할 수 없다.

스페인의 내과 의사 Francisco Hernandez가 처음 발견하였으며

① 꽃
② 전초
③ 잎

훗날 학자들에 의해 이 식물의 단맛 성분을 Hernandulcin이라고 명명되었다. 국내에서는 멕시칸스위트 허브라는 이름으로 알려져 있지만 외국에서는 아즈텍스위트 허브(Aztec Sweet Herb) 또는 리빠 둘시스(Lippia dulcis)라는 이름으로 더 많이 알려져 있다.

줄기는 높이 1m 내외로 자라고 잔가지가 많이 갈라진다. 잔가지는 덩굴 성질이 있어 폭 1m 내외로 퍼지며 자란다. 꽃머리는 높이 0.5~1.5cm 정도이고, 꽃머리에는 지름 2~4mm 정도의 자잘한 꽃이 회전체처럼 모여 달린다.

단맛이 나는 멕시칸스위트 허브는 흔히 '스테비아'와 비교하곤 한다. 설탕 300배의 당도를 저량하는 스테비아는 쓴 맛을 분리한 뒤 단맛만 사용할 수 있도록 상업적으로 개발된 반면, 멕시칸스위트 허브는 특유의 장뇌 향이 있고 매우 불쾌한 맛이 있기 때문에 아직까지 상업적으로 사용되지 않고 있다. 그러나 멕시코의 전통 요리에서는 종종 사용되는 식물이므로 소량 섭취에는 안전한 것으로 추정된다.

키포인트

관상용으로 즐겨 심는다.

● 이용법
어린 잎을 멕시코 요리의 맛내기로 사용하거나 과일 샐러드와 함께 먹는다. 각종 허브 티의 단맛을 내는 감미료로 사용할 수 있다.

● 약성
아즈텍의 원주민과 멕시코의 원주민들이 기침, 감기, 기관지염, 천식, 복통에 이 식물을 약용한 기록이 있다.

● 번식
종자, 꺾꽂이

● 키우기
1 허브 전문 식물원에서 모종을 구입한다.
2 양지에서 잘 자란다.
3 비옥한 토양을 좋아한다.
4 수분은 보통으로 공급한다.
5 월동할 수 없으므로 실내에서 키운다.

> **부작용** | 이 식물에는 장뇌와 비슷한 Camphene 성분이 있으므로 어린아이의 약용을 피한다. 또한 낙태 성분이 있는 것으로 추정되므로 임산부의 약용도 피하는 것이 좋다.

애완 동물에게
치명적인 식물 마편초과 활엽소관목 *Senecio cineraria* 30~300cm

란타나

란타나 꽃

멕시코, 베네주엘라, 콜롬비아, 바하마 등의 중앙아메리카의 열대 지역 원산이다. 잎에 독성 성분이 있어 동물이나 가축에 특히 위험하다. 성숙한 열매는 사람에 위해를 주는 독성이 없는 것으로 알려져 있지만 유럽에서 자생하는 서양가막살이나무(*Viburnum lantana*)

①전초
②잎

의 경우 열매를 과다 섭취하면 구토와 설사를 유발하므로 식용시 소량만 섭취하는 것이 좋다. 란타나라는 이름은 서양가막살이나무와 꽃 모양이 비슷하다고 해서 이름 붙었다.

국내에 1910년경 도입된 란타나의 잎은 마주나며 달걀 모양이거나 타원형이다. 잎의 가장자리에는 톱니가 있고 잎의 표면에는 잔주름이 있다.

원산지에서의 꽃은 여름에 개화하지만 국내 환경에서는 온실에서 주로 키우기 때문에 꽃이 피는 시기가 천차만별이다. 꽃의 지름은 3~4cm 정도이고 자잘한 꽃이 무리지어 달린다. 꽃의 색상은 분홍, 흰색, 노란색, 오렌지색, 붉은색 등이고 매우 아름답다. 이 꽃은 개화기간 내내 색상이 변하기 때문에 국내에서는 칠변화(七變花)라는 별명이 있다.

성숙한 열매는 독성이 있는 것으로 알려져 있지만 과학적으로는 인간에 위해를 주는 성분이 없는 것으로 알려져 있다. 그러나 서양가막살이나무의 경우 열매 맛이 아주 좋지 않기 때문에 란타나의 열매 맛 또한 거의 비슷할 것으로 추정된다.

꽃은 '나비'와 '가루이'에게 특히 인기가 높기 때문에 미국의 유명한 나비 정원은 이 식물을 즐겨 심는다. 국내의 경우, 청원 미동산 수목원의 '나비 생태원'에 란타나가 여러 그루 심어져 있는데 아무래도 나비가 좋아하기 때문에 심은 것이 아닐까?

키포인트

꽃을 보기 위한 관상용으로 즐겨 심는다.

• 이용법
열매는 인간에게 무해한 것으로 알려져 있으나 가급적 섭취를 피한다. 줄기는 빗자루 자루나 의자를 만든다.

• 약성
잎에서 추출한 성분은 항균, 해열, 구풍에 효능이 있어 브라질 원주민들이 그와 비슷한 처방에 사용하였다. 잎에서 추출한 methanolic 성분이 동물 실험 결과 위궤양에 효능이 있음이 연구되었다.

• 번식
종자, 꺾꽂이

• 키우기
1 꽃집에서 모종을 구입한다.
2 양지에서 잘 자란다.
3 토양을 가리지 않는다.
4 수분은 보통으로 공급한다.
5 월동할 수 없으므로 실내에서 키운다.

> **부작용** | 란타나의 독성은 lantadene A, B 성분이며 사람보다는 동물들에게 특히 치명적이다. 연구 결과 소, 말, 개를 포함한 50~90%의 동물들에게 영향을 끼치는 것으로 알려졌으므로 애완 동물을 키우는 가정은 잎과 열매를 애완 동물이 먹지 않도록 주의한다. 잎과 열매를 애완 동물이 과다 섭취할 경우 3~4일 내에 죽을 수도 있다.

정서 불안, 스트레스에 효능이 있는
마편초과 한해/여러해살이풀 *Verbena officinalis* 30~100cm

버베인(마편초)

꽃

유럽 남부 원산이지만 국내에도 귀화하여 '마편초'라는 이름으로 알려져 있다. 약용 허브로 유명하며, 고대 그리스 시대 때부터 약용해 왔던 것으로 추정된다.

줄기는 높이 30~100cm 정도로 자라고 원줄기는 사각형이다. 마

① 버베인 전초
② 버베인 뿌리잎

주난 잎은 길이 3~10cm 정도이고 국화 잎처럼 갈라지고, 상단부 잎은 3개로 깊게 갈라진다. 입술 모양의 꽃은 연보라색이며, 7~8월에 수상화서로 달린다. 꽃의 길이는 0.5cm 정도로 매우 작고 수술은 4개이다. 원산지에서는 길가의 축축한 땅에서 흔히 자라며 국내에서도 비슷한 환경에서 자라는 것을 볼 수 있다.

고대 유럽에서의 버베인은 신비의 효력이 있는 약초로 널리 알려져 로마에서는 제단에 올리는 식물로 유명했다. 버베인은 영어로 'Herb of the Cross(십자가의 허브)'라고도 부르는데, 예수가 십자가에 못 박힌 후 상처를 아물게 할 때 사용되었다는 전설 때문이다.

1652년 Nicholas Culpeper에 의해 버베인은 유럽 민간에서 허브차로 마셔 왔음이 널리 알려졌다.

이런 여러 가지 이유 때문에 버베인은 악몽을 방지하기 위해 침대 위에 놓은 허브로 사용되기도 하였고, 집 안에 매달아 놓으면 악마로부터 보호하는 효력이 있다고 알려지기도 하였다. 특히 아기 침대 위에 올려놓으면 아이가 사랑을 받고 자란다고 믿었다. 주술에 효능이 있다고 믿은 나머지 중세의 마법사들은 이 식물을 즐겨 키웠다.

키포인트

꽃과 잎을 식용 및 약용한다.

● 이용법
어린 잎을 나물로 데쳐 먹는다. 꽃은 요리의 장식용으로 사용한다.

● 약성
잎과 꽃줄기를 끓여 마시거나 달여 먹는 방법으로 약용한다. 진통, 항균, 항암, 항염증, 항바이러스, 근육 경련, 진정, 이뇨, 발한, 두통, 해열, 신경 피로, 기침, 천식, 늑막염, 방광염, 우울증, 젖 분비, 말라리아, 고통스러운 월경에 약용한다. 각종 상처, 류머티스 관절염, 습진, 부스럼, 피부병, 잇몸 질환에는 외용한다.
젖을 잘 나오게 하지만 낙태 성분이 있으므로 임산부에게는 투여하지 않는다. 뿌리는 이질에 효능이 있다. 전초는 바흐꽃 요법에 사용하는데 긴장을 풀어주고 각종 스트레스, 불면증, 불안 장애에 효능이 있다.

● 번식
종자, 꺾꽂이

● 키우기
1 인터넷 종묘상에서 버베인 씨앗을 구입한다.
2 양지에서 잘 자란다.
3 토양을 가리지 않지만 약간 비옥하고 촉촉한 토양을 좋아한다.
4 수분은 보통으로 공급한다.
5 전국에서 월동한다.

레몬 맛의 향신료로
유명한 마편초과 낙엽소관목 *Aloysia triphylla* 60~300cm

레몬버베나

아르헨티나, 파라과이, 우루과이, 브라질, 칠레 원산이다. 1785년 스페인 탐험대였던 루이스 부겐빌 탐험대의 프랑스 식물학자인 커머슨에 의해 최초로 수집되어 유럽에 알려졌다. 커머슨 일행은 부겐빌리아 꽃을 유럽에 전파한 인물로도 유명하다.

속명 *Aloysia*는 스페인 공주 Maria Louisa의 이름에서 따 왔고,

종명 *triphylla*는 줄기에서 잎이 3개씩 돌려나기 때문에 붙었다. 영어로는 Herb Louisa라고 부르는데 역시 마리아 루이자의 이름에서 따 온 이름이다.

  줄기는 높이 300cm 내외로 자라고, 잎은 길이 7~12cm 정도, 광택이 있다. 이 잎은 줄기에서 3~4개씩 돌려난다. 잎에서는 상큼한 레몬 향이 나기 때문에, 이 식물에서 추출한 오일은 레몬글라스 오일이 알려지기 전 향수, 비누, 화장품 등에 가장 일반적으로 사용한 레몬 향의 오일이었다.

  꽃은 0.5cm 정도의 작은 크기이고 온실에서 키울 경우 보통 봄~가을에 볼 수 있다. 건조시킨 잎에서도 레몬 향이 수년간 유지되기 때문에 각종 요리의 향신료로 사용할 수 있다.

① 레몬버베나, 레몬글라스, 레몬밤 등의 향신료
② 전초
③ 잎
④ 건조시킨 잎

키포인트

잎에서 상큼한 레몬 향이 나므로 식용, 약용에 사용할 수 있다.

● 이용법
어린 잎은 샐러드로 먹거나 조리해 먹는다. 싱싱한 잎을 잘게 썰어 차로 마신다. 잘게 썬 잎 반컵+보드카 4컵+설탕 2컵으로 술을 담가먹는다. 건조시킨 잎은 생선 요리, 샐러드 드레싱의 향신료로 사용하거나 차로 마시는데 모로코에서는 레몬 차에 레몬 대신 레몬버베나 잎을 사용한다. 레몬버베나 잎으로 레모네이드를 만들기도 한다. 에센셜 오일은 화장품, 비누, 향수, 양초를 만든다. 건조시킨 잎을 포푸리로 만들면 구충·살충에 효능이 있다.

● 약성
항산화, 해열, 진정, 복통, 소화 불량, 강장, 우울증, 감기에 효능이 있다. 살충, 살균 효능이 있어 여드름에 외용한다. 약용할 경우 끓은 물 1컵에 싱싱한 잎 4분의 1컵 또는 건조시킨 잎 2티스푼을 우려 마신다. 민간 처방이므로 장기간의 복용은 피한다.

● 번식
종자, 꺾꽂이

● 키우기
1 꽃집에서 모종을 구입한다.
2 양지에서 잘 자란다.
3 비옥한 토양을 좋아한다.
4 수분은 보통으로 공급한다.
5 10도 이상에서 월동한다.

쪽빛 염료 식물 콩과 여러해살이풀 *Baptisia austraeis* 1~1.5m

밥티시아

　북미 원산의 콩과 식물이다. 속명 *Baptisia*는 라틴어의 bapto에서 유래된 말로 '염색하다'라는 뜻을 가지고 있다. 북미 인디언들이 인디고색(쪽빛, 파란색)을 얻을 때 사용하였으며 염료 목적뿐만 아니라 약용 목적으로도 사용하였다.
　마주난 잎은 클로버 잎과 비슷한 3출엽이고 꽃은 총상화서로 4~7월에 개화한다.
　줄기는 높이 1.5m 정도로 직립하며 줄

기를 꺾으면 나오는 수액은 진한 파란색으로 변한다.

열매는 꼬투리 모양이고 황갈색 씨앗이 들어 있다. 원주민들은 이 씨앗을 이용해 딸랑이류의 장난감을 만들었다.

해충을 쫓는 효과가 있어 농장에 이 식물을 걸어 두면 가축으로부터 파리를 쫓아 버리는 효과가 있다.

키포인트

염료 및 약용 목적으로 재배한다.

● **이용법**

북미 인디언들은 뿌리로 만든 차를 치통, 변비약, 구토 치료 목적으로 약용하였다. 식물체에 약간의 독성이 있으므로 일반적인 차를 마시는 방법으로 음용하지 않는다. 파란색 꽃에서 인디고(쪽빛) 염료를 만든다.

● **약성**

잎과 뿌리를 약용한다. 살균, 카타르성 염증, 변비, 해열, 인후염, 후두염, 구강염, 치통, 식욕 부진, 구토에 효능이 있다. 식물체(특히 씨앗)에 독성이 있으므로 장기간 약용할 경우 전문가의 지도하에 약용하며, 임산부와 어린이는 약용을 피한다. 뿌리로 만든 차는 각종 염증에 외용한다.

● **번식**

종자, 포기나누기(봄)

● **키우기**

1 허브 전문 꽃집에서 모종을 구입할 수 있는지 문의한다.
2 양지~반그늘에서 잘 자란다.
3 토양을 가리지 않지만 점질 토양에서 더 잘 자란다.
4 수분은 조금 건조하게 관수한다.
5 제주도 등의 남부 일부 지방에서 노지 월동이 가능하다.

초지에서 흔히 볼 수 있는 콩과 여러해살이풀 *Trifolium pratense* 30~80m

레드클로버(붉은토끼풀)

유럽, 북아프리카, 서아시아 원산이지만 전세계에 귀화하였고, 우리나라의 초지에서도 흔히 볼 수 있다. 줄기는 높이 30~80cm로 자라고, 어긋난 잎은 3출엽으로서 작은 잎이 3개씩 붙어 있다. 각각의 잎은 너비 1.5~3cm이고 턱잎이 있다. 꽃은 분홍색이고 길이 1.5cm

정도의 자잘한 꽃이 밀집해서 핀다.

레드 클로버의 잎과 꽃은 조리해서 먹거나 날것으로 먹을 수 있다. 어린 잎은 시금치처럼 조리해서 먹기도 한다.

레드 클로버는 기관지염, 해열, 천식, 이뇨, 화상, 암, 궤양, 황달, 매독에 약용하기도 한다. 또한 여성 호로몬인 에스트로겐 보충 효능이 있어 천연 호로몬 보충제라는 별명이 있다. 이 때문에 여성 갱년기 예방, 유방암 예방 등의 목적으로 민간에서 약용하지만 에스트로겐에 민감한 병력이 있는 사람은 약용을 피한다. 또한 시들거나 하는 등의 외형에 문제가 있는 잎은 독성이 함유되어 있으므로 가급적 싱싱한 잎을 약용한다.

식용하고
약용하는 시계초과 상록덩굴식물 *Passiflora incarnata* 6m
시계초(시계꽃, 패션플루트)

 수많은 품종이 있다. 이 가운데 약용 효능이 증명된 *Passiflora incarnata* 품종의 원산지는 미국 테네시주, 텍사스주, 미시시피주, 버지니아주, 플로리다주, 켄터키주이다. 원산지에서는 보통 철로변이나 강가 등의 햇빛이 잘 들어오는 양지에서 덩굴처럼 자생한다.
 상록 덩굴 식물로서 길이 6m 내외로 자란다. 특이한 꽃 때문에 유

독 식물로 착각하기도 하는데 오래 전부터 식용하거나 약용한 유익한 식물 중 하나이다.

잎의 길이는 3~20cm 정도이고 잎자루에 날개가 있다. 잎은 타원형과 가장자리가 3~5개로 갈라지는 잎이 함께 달린다. 이 잎은 유충들이 특히 좋아한다.

꽃의 지름은 7cm 정도, 꽃의 색상은 일반적으로 푸른빛이 도는 흰색이지만 보라색이나 붉은꽃(P. racemosa)이 피는 품종도 있다. 보통 꽃 색상에 따라 품종이 달라지지만 색상만 다를 뿐 꽃 모양은 대개 비슷하고, 품종에 따라 브라질·뉴질랜드 등에서 자생하는 품종도 있다.

원산지에서의 꽃은 여름에 개화하지만 국내에서는 온실에서 키우기 때문에 겨울에도 꽃을 볼 수 있다. 이 꽃은 나비들이 특히 좋아한다.

열매는 달걀만한 크기이고 녹색이었다가 주황색으로 성숙한다. 이 열매는 사람이 먹을 수 있고, 열매를 상업용으로 사용하기 위해 재배하기도 한다. 열매 안에는 자잘한 씨앗이 많이 들어 있다.

① 시계꽃 품종
② 붉은 꽃 품종
③ 파란 꽃 품종
④ 보라 꽃 품종
⑤ 큰열매시계꽃
⑥ 잎
⑦ 열매

키포인트

열매 맛이 달콤하기 때문에 사람이 섭취할 수 있다. 원산지에서는 새를 비롯한 야생 동물들이 좋아한다.

● 이용법
열매는 사람이 식용하고 잼, 젤리, 껌 만든다. 꽃은 날것으로 식용하거나 조리해서 식용한다. 어린 잎은 조리하거나 샐러드로 먹는다.

● 약성
미국산 품종인 *Passiflora incarnata* 품종의 경우 건조시킨 잎을 약용한다. 불면증, 우울증, 신경 불안, 신경 과민, 진정, 간질, 발한, 최면, 마약, 히스테리, 과민성대장증후군, 혈압 감소, 여성의 질 질환에 효능이 있다. 뿌리는 각종 염증의 찜질팩으로 사용한다. 단, 임산부는 약용을 피한다. 참고로 중남미, 브라질, 뉴질랜드 등에서 자생하는 다른 시계꽃 품종은 꽃과 잎을 식용할 수 있지만, 약용 효능에 대해서는 연구된 바 없다.

● 번식
종자, 꺾꽂이(봄에는 어린 싹, 여름에는 줄기)

● 키우기
1 허브 전문 꽃집에서 모종을 구입한다.
2 양지~반그늘에서 잘 자란다.
3 사질의 약산성, 보습기가 있는 토양에서 잘 자란다.
4 수분은 보통으로 관수한다.
5 노지에서 월동할 수 없다.

식용 허브 캔디의
인기 재료인 아욱과 상록관목 *Hibiscus rosa-sinensis* 2.5m
히비스커스(하와이무궁화)

히비스커스 신품종의 하나인 하와이무궁화

① 꽃
② 히비스커스 성분이 함유된 캔디
③ 히비스커스 향신료
④ 히비스커스 차

전세계의 열대, 아열대, 온대 지방에서 자생하며 수백여 품종이 있다. 이들 품종 중에서 약 80%는 식용이 가능한데 이 중 중국 원산의 *Hibiscus rosa-sinensis* 품종을 하와이무궁화라고 하며, 식용 및 약용으로 즐겨 사용한다.

중국 원산의 하와이무궁화는 높이 2.5m로 자라고 잎은 우리나라의 무궁화 잎을 닮았다. 꽃은 붉은색, 오렌지색, 노란색 등이 있고 일반적으로 다른 품종에 비해 꽃의 향기가 없는 편이다. 환태평양의 섬과 동남아시아에 널리 귀화한 하화이무궁화는 말레이시아에서 국화로 지정되기도 하였는데, 이 때문에 진정한 야생 상황(자생지)에 대해서는 추적이 오리무중인 상태이다.

일반적으로 히비스커스(하비스커스) 품종의 약 80%는 꽃을 식용할 수 있지만 히비스커스 품종을 일일이 구별하는 것이 어려우므로 보통 하와이무궁화 꽃잎을 식용하는 것이 좋다. 히비스커스에 속하는 식물 중에서 식용 및 약용이 가능한 대표적인 품종은 하와이무궁화, 오크라(*Abelmoschus esculentus*), 무궁화, 로젤(*Hibiscus sabdariffa*) 등이 있다.

키포인트

관상용, 약용, 식용 목적으로 키운다.

● 이용법

하와이무궁화 어린 잎은 시금치처럼 조리해 먹는다. 꽃은 샐러드로 먹거나 허브 차로 마시는데 붉은색, 분홍색 계통의 꽃을 식용한다. 히비스커스 차는 물 2컵에 붉은색 하와이무궁화 꽃잎 5장, 적당량의 꿀을 넣어 끓인 뒤, 건더기를 제외한 차에 얼음을 띄우고 꽃잎 3장을 장식으로 하여 마신다. 붉은색 꽃잎은 식용 색소처럼 각종 음식에 붉은색을 낼 때 사용한다.

꽃에는 철분, 인, 비타민 B1, B2, C가 함유되어 있다. 꽃잎으로 신발을 닦아 광택을 낸다. 꽃의 정유는 화장품이나 모발용 헤어 제품을 만든다. 줄기에서 얻은 섬유질은 그물, 종이를 만든다.

● 약성

하와이무궁화 꽃을 달이거나 차로 만들어 차갑게 식힌 뒤 약용한다. 방광염, 최음, 성병, C형 간염에 효능이 있고 설사약으로 사용한다. 달인 물은 열병에 외용하고 꽃과 잎을 짓이겨 암과 각종 염증에 도포한다.

● 번식

종자, 꺾꽂이(7~8월)

● 키우기

1 꽃집에서 모종을 구입한다.
2 양지~반양지에서 잘 자란다.
3 비옥한 토양을 좋아한다.
4 수분은 보통으로 관수한다.
5 겨울에는 실내에서 월동 처리한다.

목화

꽃을 감상하기도 하고 약용도 하는 아욱과 관목/한해살이풀 *Gossypium arboreum* 1~2m

목화는 북중미 원산이자 전세계 생산량의 90%를 차지하는 *G. hirsutum* 품종, 남미 원산의 *G. barbadense* 품종, 서아시아와 서아프리카에서 자생하는 *G. herbaceum* 품종, 인도와 파키스탄 등의 구대륙 열대 원산인 *G. arboreum* 품종이 있다. 이 가운데 문익점이 중국에서 가져온 품종은 구대륙 원산인 *G. arboreum* 품종이다. *G. arboreum* 품종의 경우 영어로 Cottern Plant라고 한다.

목화(*G. arboreum*)는 인도의 고대 문명인 인더스 문명 이전의 메르가르(Mehrgarh) 농경 시대 때부터 재배한 흔적이 있다. 메르가르(Mehrgarh) 농경 시대는 지금으로부터 약 7천 년 전이므로 식물 재배 역사로 볼 때 가장 오래 전부터 재배한 식물로 추정된다.

이후 목화는 고대 인더스 문명에서 인도 전역에 퍼져 본격적인 면

① 목화의 수형
② 목화 잎
③ 종자에 붙어 있는 솜

화 산업이 만들어졌고, 기원전 1000년경에는 지중해로 전래되었다.

이 기간 동안 신대륙의 멕시코 지역 고대 문명에서도 목화를 재배하였는데 이 역시 지금으로부터 약 7천 년 전이므로 구대륙과 신대륙은 기원전 5000년 전후부터 목화를 재배해 온 것으로 보인다.

목화를 이용한 면화 산업은 신대륙 발견 등의 역사적 사건 이후 영국 산업 혁명의 직물 공업에서 큰 이바지를 한다. 인도와 신대륙 양쪽에 접근이 쉬웠던 영국은 산업 혁명 기간 동안 면화 산업에 필요한 기계가 발명되면서 맨체스터에 거대한 방적 공장이 들어선다.

이 기간 동안 신대륙과 구대륙의 목화 재배 산업이 역전되는 일이 발생한다. 신대륙에 비해 운송 거리 등 운송 비용이 많이 들 수밖에

없었던 인도산 목화는 신대륙에서 두 품종이 교배된 더 질긴 목화 품종이 탄생하면서 몰락의 길을 걷게 된다. 게다가 신대륙은 값싼 흑인 노예로 목화를 재배하고 있었으므로 생산비도 구대륙에 비해 저렴했다. 이 때문에 구대륙 인도산 목화 재배 산업은 몰락의 길을 걷게 되고, 신대륙 목화가 영국 면화 시장을 지배하게 된다.

그러던 와중 미국에서 남북 전쟁이 발발하자 수입길이 막힌 영국은 다시 인도에서 면화를 수입하였고, 이를 마하트마 간디는 이렇게 표현하였다.

"영국은 인도의 노동자들에게 7센트에 면화를 수입한 뒤 그것으로 만든 옷을 인도에 다시 수출해 인도의 왕과 부자들에게 비싼 값에 팔았다. 그러한 산업에 필요한 부가 가치와 제반 경비(운송 경비, 하역 경비, 수출입 경비)는 전부 영국이 가져갔다. 결국 인도의 노동자에겐 어떤 부가 가치가 없었고 단지 1일 7센트의 노동력 대가밖에 없었다."

현재 면화의 최대 생산국은 중국, 인도, 미국, 파키스탄 순이며 최대 수입국은 중국, 방글라데시, 터키, 인도네시아 순이다. 한때 최대 수입국이었던 우리나라는 산업 구조가 섬유 산업에서 전자 산업으로 재편되면서 수입량이 많이 떨어졌다.

열대 지방의 목화는 나무이지만 국내 환경에서는 한해살이풀로 취급한다. 줄기는 높이 1~2m로 자라고 어긋난 잎은 3~7개의 손바닥 모양으로 갈라진다. 8~9월에 피는 꽃의 지름은 4~5cm, 꽃의 색상은 흰색·황색이지만 때때로 분홍색이나 보라색 꽃이 핀다. 꽃잎은 5개, 수술은 130여 개이다. 열매가 성숙하면 열매 안의 종자가 나오는데 종자에 솜이 붙어 있다.

키포인트

관상용으로 즐겨 키운다. 간혹 농촌의 촌락에서 목화를 관상용으로 키우는 것을 만날 수 있다.

● 이용법
종자에서 짜낸 기름은 식용유 대용으로 사용하거나 비누를 만든다. 종자에 붙어 있는 솜은 실을 만들거나 면직물, 그물, 약솜, 이불 솜을 만든다.

● 약성
종자의 씨앗을 벗긴 뒤 약용한다. 강장, 종기, 지혈에 효능이 있고 뿌리는 월경 불통에 효능이 있다. 건조시킨 잎을 달여 먹으면 설사, 세균성 적리에 효능이 있다. 종자 분말을 우유와 함께 먹으면 체중을 증가시킨다.

● 번식
종자

● 키우기
1 인터넷 종묘상에서 종자를 구입한다.
2 양지~반양지를 좋아한다.
3 약간의 점토질 토양에서 잘 자란다.
4 수분은 보통으로 관수한다.
5 월동할 수 없으므로 겨울에는 실내로 옮긴다.

꽃을 식용할 수 있는 아욱과 상록소관목 *Abutilon megapotamicum* 1.2~2.5m

브라질아부틸론

우루과이, 브라질, 아르헨티나 등의 남미에서 자생하며, 식용 꽃으로 유명한 식물이다.

줄기는 높이 1.2~2.5m 내외로 자란다. 삼각꼴의 잎은 길이 3~8cm 정도이고, 단풍 잎처럼 갈라진 잎과 갈라지지 않은 잎이 함께 달린다.

① 브라질아부틸론 꽃
② 수형
③ 잎
④ 아부틸론 꽃

꽃은 늦여름~가을 사이에 개화하지만 국내 환경에서는 온실에서 키우기 때문에 겨울에도 꽃을 볼 수 있다. 꽃잎은 5장, 노란색이고, 빨간색은 꽃받침이다. 꽃잎의 길이는 약 4cm이다.

원산지에서는 산악 지대의 서늘한 곳에서 자라고 영하 5도에서도 견딘다고 알려져 있지만 적정 재배 온도는 15도 이상이다. 원산지에서도 재배하는 경우가 많기 때문에 원종을 찾아내는 것도 무의미해졌다.

비슷한 식물로는 꽃 모양이 전혀 다른 아브틸론(*Abutilon Spp*)이 있는데, 아브틸론도 식용 꽃으로 유명한 식물이다.

키포인트

관상용, 식용 목적으로 키운다.

- **이용법**

꽃을 야채처럼 식용한다. 날것으로 먹을 경우 약간의 꿀샘이 있으나 꽃잎의 식감이 질기다. 비빔밥에 넣어 먹거나 야채처럼 볶아 먹고, 뜨거운 수프에 넣어 먹는다.

- **약성**

알려진 약용 기록이 없다.

- **번식**

종자, 꺾꽂이(7~8월)

- **키우기**

1 허브 전문 꽃집에서 모종을 구입한다.
2 양지~반그늘에서 성장이 양호하다.
3 비옥한 토양을 좋아한다.
4 수분은 보통으로 관수한다.
5 15도 이상의 온도를 권장한다.

품종이 많아
구별하기 어려운
아욱과 두해살이풀 *Malva spp.* 50~150cm

당아욱(붉은당아욱)

무궁화와 같은 아욱과 식물인 말로우는 커먼말로우라고 불리는 분홍당아욱(*Malva sylvestris*)' 외에 '머스크말로우(*Malva moschata*)', '마시말로우(*Althea officinalis*)', 당아욱(*Malva sinensis*) 등의 다양한 품종이 있다.

국내 모 식물원에 마시말로우가 있다고 해서 찾아갔는데 이는 분홍당아욱인 *Malva sylvestris*에 가까웠고, 어떤 식물원은 머스크말로우라는 이름표를 붙여 놓았지만 이 역시 당아욱 품종으로 추정되

① 분홍당아욱 잎
② 분홍당아욱

어 필자를 고생시킨 적이 있다.

그만큼 국내에서는 혼동되는 경우가 많기 때문에 말로우 품종들은 대개 '당아욱'이라고 부르기도 한다.

먼저, 식용 식물로 일찍부터 유명했던 마시말로우(Althea officinalis)는 흰색에 가까운 꽃이 필 뿐만 아니라, 잎의 갈라진 부분이 뾰족하므로 쉽게 구별할 수 있다.

머스크말로우(Malva moschata)는 잎이 가늘게 많이 갈라지므로 일반 당아욱류와 구별할 수 있다.

분홍당아욱이라고 불리는 말로우의 속명은 Malva sylvestris이고 커먼말로우라고도 한다. 꽃의 색상이 진한 분홍색이고 자주색 줄이 있다. 국내 식물원에서 '말로우'라고 이름표가 붙은 식물들은 대개 이 식물로 추정되는데 원래는 서유럽과 북아프리카에서 자생하는 식물이며 국내에는 귀화하여 농촌에서 볼 수 있다.

줄기는 높이 50~150cm 정도로 자라고 잎은 3~7개로 갈라지지만 끝 부분이 뾰족하지 않고 둥근 편이다. 잎의 길이는 5~10cm, 잎 밑 부분에 잔털이 있다. 흔히 '붉은당아욱' 대신 '당아욱'이라고도 불린다.

아시아와 유럽에 자생하는 당아욱(Malva sinensis)은 높이 60~90cm로 자라고 잎이 5~9개로 갈라지는 것이 특징이다. 당아욱도 국내에 귀화하여 울릉도의 해안가에서 흔히 자란다.

둘 다 공통적으로 5~7월에 꽃이 피고 잎과 줄기를 약용하거나 식용할 수 있다.

키포인트

당아욱은 우리나라에 귀화하여 해안가와 밭 주변에서 볼 수 있다. 농촌에서 꽃을 보기 위한 관상용으로 즐겨 심는다.

● 이용법
어린 잎은 차로 마시거나 샐러드로 먹을 수 있고 아욱처럼 조리해서 먹기도 한다. 미성숙 씨앗은 식용한다. 꽃은 날것으로 식용하거나 샐러드로 먹고 요리의 장식으로 사용한다. 녹색, 노란색 염료를 얻을 수 있다.

● 약성
신선한 잎 또는 건조시킨 잎을 약용한다. 염증, 이뇨, 연화약, 거담, 변비에 대한 설사제로서의 효능이 있다. 타박상, 벌레 물린 상처에는 외용한다. 특히 어린이 변비에 효능이 있다.

● 번식
종자(초봄)를 뿌리면 2주내 발아한다

● 키우기
1 허브 전문 꽃집에서 모종을 구입한다.
2 양지~반그늘에서 잘 자란다.
3 토양을 가리지 않지만 비옥한 토양에서 더 잘 자란다.
4 수분은 보통으로 공급한다.
5 남부 지방에서 노지 월동 가능.

키우는 재미가
쏠쏠한 꼭두서니과 상록교목 *Coffea arabica* 3~12m
커피나무

커피

원산지인 이디오피아 원주민들이 때때로 어린 잎을 뜨거운 물에 우려 마신다길래 필자 역시 우려 마셔 본 적이 있다. 커피 맛이 날까 하는 생각에서 말이다. 그런데 쓰디쓴 풀 냄새만 날 뿐, 하지만 텁텁한 잎 안을 살균하는 느낌이 있으므로 독자분들도 시도해 볼 만하다.

커피나무는 세계적으로 크게 3대 품종이 있는데 그 중 최고급 품질

의 커피빈은 예멘·이디오피아 원산의 아라비카 품종이다.

아라비카 커피나무는 여러 가지가 있지만 먼저 인스턴트 커피의 주재료인 로부스타 커피나무 품종보다 카페인 함량이 적다. 줄기는 높이 3~12m 내외로 자라고, 마주난 잎은 길이 6~12cm, 광택이 있다.

꽃은 온실에서 키울 경우 보통 늦여름에 개화하고 흰색이며, 지름 1.5cm 정도이고 연한 자스민 향기가 난다.

녹색의 열매는 우리나라 온실 기준으로 이듬해 봄에 붉은색으로 성숙하고, 열매 안에는 커피빈이라고 불리는 씨앗이 들어 있다. 이 씨앗을 볶으면 맛있는 아라비카 커피를 마실 수 있다.

아라비카 커피나무는 심은 지 2~4년이 지나면 꽃이 피기 시작한다. 열매를 최고로 생산하는 성인나무가 되는 시기는 심은 지 6~7년째부터이다.

① 잎을 우려낸 차
② 열매
③ 잎
④ 열매 안 모습
⑤ 아라비카 커피나무

아라비카 커피나무는 국내 환경에서도 공기 정화 식물로 키워 볼 만하다. 일반 사무실의 창가나 아파트 베란다에서 키울 경우 반차광 창가에서 어느 정도 통풍이 잘 되게 유지하면 고사시키지 않고 키울 수 있다. 원산지의 커피 농장은 해발 1,300~1,500미터의 고지대에 있으므로 아라비카 커피나무의 권장 재배 온도는 15~24도 내외, 서늘한 기후가 필요하다.

키포인트

관상용, 식용 목적으로 재배한다.

● 이용법
원산지에서는 어린 잎을 약탕 비슷하게 섭취한다. 볶은 커피빈은 초콜릿을 감미해 식용한다.

● 약성
항산화, 진통, 이뇨, 최면, 성욕 억제, 식용 증진, 강심, 해독, 흥분제, 천식, 감기, 두통, 말라리아, 황달에 약용한다. 과다 섭취할 경우 카페인 성분 등으로 인해 불면증, 신경질, 불안증, 고혈당을 유발할 수도 있다. 분쇄 커피업자는 비염을 유발할 수 있다.

● 번식
종자

● 키우기
1 화훼 도매점에서 아라비카 커피나무 모종을 구입한다.
2 썬팅된 반차광 창가에서 키우면 1년 내내 잘 자란다.
3 약산성의 기름진 토양을 선호한다.
4 흙이 마르면 충분히 관수하되 과습에 주의한다.
5 12도 이상에서 월동한다.

육류의 잡냄새를 없애는 월계수(베이)

녹나무과 상록활엽교목 *Laurus nobilis* 12~18m

고기를 삶을 때 특유의 노린내를 없애기 위해 넣는 것이 월계수 말린 잎이다. 국내에서도 감자탕같이 육류 요리를 취급하는 한식집에서 고기를 삶을 때 월계수 잎의 사용을 시작하였다. 영어로는 로렐(Laurel)이라고 부르지만 다른 식물을 가리키는 경우도 있으므로 일반적으로 베이(Bay), 베이 트리(Bay Tree), 스위트 베이(Sweet Bay)

월계수, 바질, 로즈마리로 맛을 낸 하이라이스

라고 말한다.

　지중해 유역의 터키, 알제리, 모로코, 시리아, 포르투갈, 스페인 등에 분포하며 이탈리아, 프랑스, 멕시코 등지에서 잎을 수확하기 위해 대규모로 재배한다. 원산지인 지중해에서는 높이 18m까지 자라지만 국내의 남부 지방 노지에서 키울 경우 높이 1.5~3m 내외로 자란다. 이 꽃은 암수딴그루이고 노지에서 키울 경우 4~5월에 개화한다. 꽃잎은 4개, 암술은 1개, 수술은 14개 이하이다.

　어긋난 잎은 긴 타원형~바소꼴이고 길이 8cm 정도, 다른 나뭇잎과 달리 딱딱하고 두껍다. 잎 가장자리는 물결 모양의 톱니가 있고 특유의 월계수 향이 난다. 요리에서는 보통 이 잎을 육류의 노린내를 제거하는 용도로 사용한다.

　잎은 싱싱한 상태나 건조시킨 상태로 사용할 수 있고, 잎을 건조시킨 뒤 사용할 경우에는 여름에 수확하는 것이 최적기이다. 일반적으로 그리스 월계수(그리스 베이, *Laurus nobilis*)가 식용 및 약용, 화장용에 적당하며, 그리스 베이에 비해 맛이 강한 캘리포니아 월계수

① 월계수 수형
② 월계수 꽃
③ 월계수 잎
④ 월계수 잎을 넣어 삶은 돼지 등뼈로 만든 감자탕
⑤ 5일 동안 말린 월계수 잎

(켈리포니아 베이, *Umbellularia californica*)는 그리스 월계수 대용으로 사용할 수 있지만 약간의 발암 성분이 발견된 바 있다. 열매는 둥근 타원형이고 10월에 검자색으로 성숙하고, 잎과 마찬가지로 건조시킨 열매를 요리의 향신료나 화장품 재료로 사용한다.

 역사적으로 보면 고대 그리스의 델파이에서 아폴로 신을 기념하기 위해 4년마다 열린 피시아 경기의 승자에게 월계수 화환을 수여하기도 하였다. 이는 월계수가 아폴로 신을 상징하고 높은 지위를 나타내기 때문이었다. 그 후 그리스에서는 천재나 영웅에게 이 관을 내렸는데 이것이 와전되어 올림픽 마라톤 경기 승자에게 내려 주는 월계관으로 사용된 적도 있다.

 어린이 동요인 '계수나무와 토끼'에서 계수나무는 일본에서 들어온 계수나무라고 알려져 있지만, 중국에서는 '月桂'를 뜻하므로 계수나무가 아닌 '월계수나무'를 뜻한다. 그러므로 중국 사람들은 달에 계수나무가 아닌 월계수나무가 있다고 생각한다고 하니, 아무래도 우리와는 정서가 다르다.

키포인트

잎, 꽃, 열매를 요리의 향신료로 사용하고 잎·열매를 약용한다.

● 이용법

건조시킨 잎은 통째로 사용하거나 잘게 썰어 사용하거나 분말로 사용하는데, 건조시킨 상태에서는 상온에서 1년의 유통 기한이 있다.

각종 육류를 삶거나 수프, 스튜, 차우더 같은 국물 요리, 필라프, 스파게티의 소스 요리의 맛내기로 사용한다. 잎을 통째로 섭취할 경우 딱딱한 잎이 내장에 상처를 주기 때문에 요리 맛내기로 내올 때는 잎을 내오지 않는 것이 원칙이다. 또한 부케가르니(월계수, 타임, 파슬리, 샐러리 등을 묶어 만든 요리 맛내기 겸 잡냄새 제거 다발을 말하며 흔히 향초 다발이라고 한다)를 만들어 각종 국물 요리의 맛내기를 할 때 사용한다.

건조시킨 잎은 차로 마실 수 있고, 꽃과 건조시킨 열매는 육류 요리의 향신료로 사용하고, 잎과 열매에서 추출한 오일은 향신료로 사용하거나 화장품 원료, 비누 향으로 사용한다. 싱싱한 잎을 요리의 장식으로 사용하려면 블러드메리 같은 칵테일에 한정한다.

● 약성

소화, 기관지염, 암, 배앓이, 이뇨에 효능이 있고 복용량을 높이면 흥분·각성제로서의 효능이 있다. 잎에서 얻은 오일은 항균, 농업용 살균제로서 효능이 있으므로 비누 제조, 화장품에도 좋다. 열매 오일은 염좌, 타박상에 효능이 있지만 낙태 작용을 하므로 임산부는 남용을 금한다.

● 번식

종자(초가을에 바로 수확해 온실에서 심은 뒤 이듬해 초여름에 묘목을 노지에 심는다), 녹지꽂이(7~8월, 6개월 안에 서리가 내리면 동사하므로 실내에서 키운다), 휘묻이

● 키우기

1 화훼 단지에서 월계수(베이) 모종을 구입한다.
2 반음지를 좋아한다.
3 비옥한 토양에서 잘 자란다.
4 수분은 흙이 말랐을 때 공급한다.
5 남부 지방에서 노지 월동 가능.

오일(oil)의 유래가 되는 올리브나무

물푸레나무과 상록활엽관목　*Olea europaea*　7~15m

압바스 키아로스타미 감독의 '올리브 나무 사이로'에서 영화 내내 등장했던 울퉁불퉁하고 키 작고 못생긴 나무가 올리브나무이다. 고급 식용유로 유명한 올리브유는 이 나무의 열매를 압착한 오일을 말하므로, 사막에서 자라는 이 나무가 현대에 와서 고급 식용유로 재탄

술 안주로 먹는 블랙 올리브 피클

생할 것을 과거의 어느 누가 알았을까?

 지중해, 유럽 남동부, 서아시아, 북아프리카, 이란, 시리아, 이집트, 이스라엘, 카스피해에 분포하는 올리브나무는 열대 북아프리카가 원산지로 추정되며 이 나무의 열매가 Oil(기름)의 어원이 되는 것으로도 유명하다. Oil의 유래가 되는 나무이므로 열매에서 얼마나 많은 기름을 짜낼 수 있는지 추측할 수 있을 것 같다.

 원줄기는 높이 7~15m 정도로 자라고, 잎의 생김새는 버드나무 잎과 닮았지만 조금 딱딱하다. 잎 길이는 10~40cm 정도이고 약간 은빛이 도는 녹색이다. 잎이 달려 있는 가느다란 줄기는 일반적으로 조금 꼬여서 자라는 경향이 있다.

 자잘한 크기의 꽃은 흰색이고 빗자루 모양으로 모여 달린다.

 열매는 작은 핵과의 대추 모양이고 녹색에서 보라색으로 성숙하는데 녹색일 때부터 수확할 수 있다. 음식점에서 흔히 보는 검은색의 올리브 피클은 완전히 성숙한 열매로 만든 피클이며 보통 통조림 형태로 판매된다.

역사적으로 올리브나무는 약 7천 년 전부터 재배해 온 식물로 추정되며 고대 유럽에서 평화, 안전, 영광, 다산, 권력, 순결, 지혜의 상징으로 여겨졌다. 오래 사는 장수 나무로 유명한 올리브나무는 1,600년을 살아 온 나무가 있는가 하면 아테네의 어느 올리브나무는 2,400년을 살았다 하여 '플라톤의 올리브나무'라고도 불린다. 플라톤의 올리브나무는 현재 아테네 농대 부근에 있고, 파르테논 신전 근처에도 수많은 고목들을 만날 수 있다. 유독 파르테논 신전 부근에 올리브나무가 많은 것은 그리스 신화에서 유래되는데, 포세이돈을 물리치고 아테네의 수호신이 된 아테나가 시민들에게 가져다 준 것이 올리브나무였기 때문이라고 한다.

대부분의 늙은 올리브나무는 옛 올리브나무 과수원에 있었던 나무들로 이스라엘, 크로아티아, 포르투갈 등지에 1,000~2,000살 된 올리브나무가 남아 있다. 레바논과 이탈리아 등의 마을들도 수령

① 올리브나무 수형
② 올리브나무 잎

4,000년 된 올리브 나무가 있다고 주장하지만 이들 나무의 수령은 과학적으로 인정받지 않았고, 팔레스타인 북부 갈릴리 지방의 거대한 올리브나무는 수령 3,000년으로 인정받고 있다.

고대 그리스에서는 왕과 고대 올림픽 경기의 운동선수들이 올리브유를 성스럽게 여겨 몸에 바르는 의식을 진행하였다. 이것이 지금까지 이어져 올림픽 마라톤 경기에서 우승한 선수에는 올리브 가지로 만든 월계관을 씌워 주는 전통이 되었고, 이들 올리브나무 월계관은 그리스에서 제작한 뒤 가져온다.

올리브유가 요리에 사용된 것은 고대 이스라엘부터라고 알려져 있듯, 성경에서 최초로 언급되는 식물도 올리브나무이다. 성경에서, 노아의 홍수가 끝났을 때 이를 입증하기 위해 비둘기가 물고 온 이파리가 올리브나무 잎이었다.

이슬람 문명에서도 올리브나무는 성스럽게 여겨져 이슬람교도의 코란 경전에도 성스럽게 언급되었고, 18세기경 진화 학자인 몬보도(Monboddo) 역시 올리브나무를 '가장 완벽한 식품'이라고 말하였다. 현재 지구상에는 약 800만 그루의 올리브나무가 재배되는 것으로 추정되는데, 대개 지중해 지역의 올리브 과수원에서 상업적 목적으로 재배되고 있다. 국가별 재배량은 스페인, 이태리, 그리스, 터키, 시리아 순으로 많다.

③ 올리브 비누
④ 올리브가 들어간 아로마오일
⑤ 올리브 나무 사이의 영화 포스터

키포인트

잘 성숙한 열매를 압착해 올리브 오일을 추출한다. 오일은 식용유, 향료, 화장품, 비누 재료로 사용한다. 녹색 열매 또는 검은색 열매는 피클로 만든 뒤 서양 요리의 가니쉬(고명)로 사용하거나 술안주로 먹는다.

• 이용법

잎, 열매, 씨앗을 식용한다. 북반구 기준 9~10월에 녹색 열매, 11월에 갈색~보라색 열매, 1~2월에 검정색 열매를 수확한다. 녹색 열매로 만든 그린 올리브 피클은 새콤한 맛으로 섭취한다. 칵테일, 카나페(서양 안주 요리)의 고명으로 사용하거나 연어 같은 생선 요리와 곁들인다. 검은색 열매로 만든 블랙 올리브 피클은 맥주나 술 안주로 먹거나 피자나 파스타 요리 등의 각종 소스 요리에 넣는다.

올리브유는 스파게티, 파스타 같은 볶음 요리나 각종 튀김 요리에 사용하거나 지중해풍 요리에 사용한다. 씨앗을 압착해 얻은 오일은 식용하거나 비누, 화장품, 비듬 치료제를 만든다. 열매 껍질과 나뭇잎은 검은색, 적갈색 염료의 재료가 된다.

• 약성

잎을 달인 즙은 살균, 진정, 고혈압에 효능이 있다. 오일은 비듬, 화상, 하제의 효능이 있다. 수피는 말라리아에 사용한 기록이 있다. 수피에서 흐르는 즙은 바흐꽃 요법처럼 사용하는데, 긴장을 풀어 주고 정신 피로에 효능이 있다.

• 번식

종자(가을에 수확 즉시 온실에서 파종)

• 키우기

1 인터넷에서 올리브나무 묘목을 구입한다.
2 양지에서 잘 자란다.
3 기름진 토양을 좋아하지만 척박한 토양에서도 자란다.
4 겉흙이 말랐을 때 흠뻑 준다.
5 남부 지방에서 노지 월동 가능. 가급적 남향에 심는다.

자스민 차의
재료 물푸레나무과 상록관목 *Jasminum sambac* 0.5~3m

아라비안자스민(말리화)

자스민 차의 재료인 아라비안자스민은 '말리화' 라고도 한다.
동남아시아, 남아시아에서 아라비아 지방에 전래된 이 식물은 아름다운 향기 때문에 아라비아의 가정집에서 관상수로 큰 인기를 얻었다.

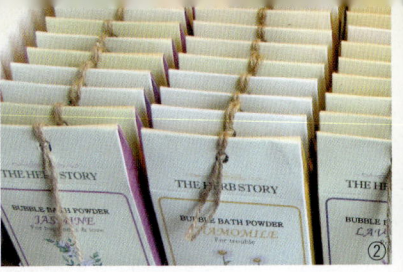

그 후 아라비아에서 유럽으로 전파된 이 식물은 서기 1789년 윌리엄 에이톤에 의해 속명 Jasminum으로 분류되면서 '아라비안자스민'이라는 영문 이름이 붙었다. 당시 윌리엄 에이톤은 이 식물을 아라비아 지방의 토착 식물로 알았던 모양이었다.

①잎
②자스민 거품 목욕제
③수형

아라비안자스민의 줄기는 높이 0.5~3m 내외로 자란다. 잎은 달걀 모양이고 길이 4~12cm 내외, 마주나거나 3장씩 돌려난다.

꽃이 일년 내내 가지 끝에서 드믄드믄 피고 3~12송이씩 달린다. 꽃의 지름은 3cm 내외, 꽃잎은 5~9개이고 진한 자스민 향이 난다.

최근 나오는 하이브리드 품종은 꽃의 생김새와 꽃잎 개수가 다른데 예컨데 'Maid Of Orleans' 품종은 원종에 가까운 꽃이 피고, 'Mali Chat' 품종은 연꽃을 닮은 겹꽃 생김새의 꽃이 핀다. 꽃은 낮에는 봉오리를 닫고 밤에는 활짝 피는 특징이 있다.

열매는 지름 1cm의 둥근 모양이고 검보라색으로 성숙한다.

중국에서 '말리화 차'라고 불리는 자스민 차는 100% 꽃잎으로 만들지 않고, 아라비안자스민 꽃잎 2%에, 일반 찻잎 98%를 혼합해서 만든다.

필리핀, 인도네시아의 국화인 아라비안자스민은 하와이에서 레이를 만들 때 사용하고, 인도에서는 화관을 만들 때 사용한다. 캄보디아에서는 불전에 바치는 꽃으로 유명하다.

키포인트

관상용으로 즐겨 심는다.

이용법
꽃은 봉오리 상태이거나 꽃이 약간 벌어질 무렵 아침에 수확해 사용한다. 우롱차 잎에 건조시킨 자스민 꽃잎을 여러 번 섞어 향을 우롱차 잎에 스며들게 만든 뒤, 꽃잎을 세세히 제거한 차가 자스민 차이다.

자스민 차는 아라비안자스민으로만 만들어야 하며, 일반적으로 다른 자스민 꽃은 사용하지 않는다. 하지만 최근엔 다른 자스민 꽃도 허브 차로 마시는 경우도 많다. 꽃에서 추출한 오일은 향수, 샴푸, 얼굴 세척용 화장수에 넣어 사용한다.

약성
건조시킨 꽃, 잎, 뿌리를 달여 복용한다. 해열, 기침, 젖 분비, 거담, 소염, 진통, 경련, 진정, 소독, 자궁, 강장에 효능이 있다.

번식
휘묻이, 꺾꽂이, 종자(종자 번식은 거의 불가능하다.)

키우기
1 허브 전문 꽃집에서 모종을 구입한다.
2 양지~반그늘에서 잘 자란다.
3 다소 축축한 토양을 좋아한다.
4 흙이 말랐을 때 충분히 관수한다.
5 노지에서 월동할 수 없다.

밤에만 향기가 나는

가지과 상록소관목 Cestrum nocturnum 2~4m

야래향자스민

중미 카리브해 원산의 열대 식물인 이 식물은 밤에만 향기가 나기 때문에 야래향(夜來香)자스민이란 이름이 붙었다.

줄기는 높이 2~4m로 자라고 상단부에서 잔가지가 많이 갈라진다. 잔가지는 버드나무 줄기처럼 치렁치렁 자라기 때문에 이리저리 묶어서 관리해도 무방하다. 잎의 길이는 6~20cm 내외, 타원형이고, 광택이 있다.

길이 2.5cm 정도의 가느다란 관 모양의 꽃은 꽃잎 5개, 꽃잎이 벌어질 경우 꽃의 지름은 1cm 정도이고, 열대 지방의 따뜻한 기후에서는 연중 개화하지만, 국내 온실 환경에서는 보통 늦가을에 꽃

을 볼 수 있다.

　꽃의 색상은 노란색이고, 낮에도 연한 향기가 나지만, 야간에 향기가 더욱 강하다. 이 강한 꽃 향기

① 수형
② 열매
③ 잎

때문에 세상에서 가장 향기가 강한 식물이라고 말하기도 한다.

　열매는 0.5~1mm 정도의 타원형이며, 평균 10개의 씨앗이 들어 있고, 가지색으로 성숙한다. 열매는 독성이 있으므로 사람이 식용할 수 없다.

　원래는 중미와 카리브에서 자생하지만 호주, 하와이, 남아프리카, 미국 열대 지방에 귀화하여 경작지를 침범하는 식물로 지정되기도 하였다. 강한 꽃 향기는 호흡에 나쁜 영향을 주기도 하기 때문에 농부들이 뿌리째 없애 버리기도 한다.

키포인트

향기를 맡기 위해 관상용으로 즐겨 키운다.

● 이용법
이 식물의 식용에 대해서는 이견이 분분하다. 꽃과 어린 잎을 식용하기도 하는데 샤머니즘과 결합된 주술적 목적에서 식용하는 사례가 많기 때문이다. 잎과 열매 등의 식물체 전체에 독성이 있으므로 식용하지 않는 것이 좋으며, 잘못 섭취할 경우 사망에 이를 수 있다.

● 약성
네팔의 주술사들이 그들의 신에게 이 식물을 바치고, 말린 꽃을 담배처럼 흡연하여 만들어진 환각 효과를 영적 효과 내지는 주술적 효과로 사용하지만 권장하지 않는다. 이와 같은 방법은 임상적으로 증명된 내용이 없으며 두통, 구토, 불쾌감, 신경 불안을 유발한다. 꽃 향기를 가볍게 즐기는 아로마테라피 용도로 적당하지만 천식 등 호흡 관련 질병이 있는 환자의 경우 이 식물의 강한 꽃 향기가 역효과를 낼 수도 있다.

● 번식
꺾꽂이, 종자

● 키우기
1 허브 전문 꽃집에서 모종을 구입한다.
2 양지~반그늘에서 자란다.
3 점질 토양에서 잘 자란다.
4 수분은 약간 촉촉하게 관수한다.
5 실내에서 월동한다.

겨울에 키우는 꽃
앵초과 여러해살이풀 *Primula L* 10~30cm

프리뮬라

프리뮬라

　우리나라의 앵초와 유사한 이 식물은 전 세계에 500여 품종이 있다. 제일(프라임, Prime)을 뜻하는 라틴어 Primus에서 유래되어 프리뮬라(Primula)라는 이름이 붙었으니 이른봄 제일 일찍 꽃이 피는 식물이 아닐까 추정된다.

① 흰 꽃 품종
② 보라색 품종
③ 빨간 꽃 품종

　세계적으론 지구 북반구 온대 지방과 인도네시아, 뉴기니의 열대 지방, 남미와 아프리카의 열대 지방에 분포한다. 꽃을 보기 위해 키우는 화초 식물로 유명하지만 유럽 민간에서는 식용 및 약용 목적으로 일찍이 재배하였다. 국내에서는 '프리뮬라'라는 이름으로 알려져 있지만 꽃집에서는 '줄리안'이나 '오브코니카' 같은 품종 이름으로 더 많이 알려져 있다.

　프리뮬라의 잎 길이는 품종에 따라 다르지만 보통 5~25cm 정도이다. 잎자루는 짧고 작은 배추잎을 닮았는데 때때로 배추잎처럼 쭈글쭈글한 품종도 있다.

　꽃의 지름은 2~4cm이고 씨앗은 검은색이다. 꽃의 색상은 품종에 따라 노란색, 흰색, 붉은색, 보라색, 빨간색, 분홍색 꽃이 피고, 꽃잎이 홑꽃인 품종과 겹꽃인 품종이 있다.

　온실에서 키울 경우 한겨울인 12월에도 꽃을 볼 수 있으므로, 겨울에 꽃을 볼 수 있는 화초로 가정 주부들에게 특히 인기 만점이다.

키포인트

식용(꽃과 어린 잎), 약용, 관상용으로 키운다.

- **이용법**

프리뮬라 품종 중에서 유럽에서 자생하는 *Primula vulgaris* 품종은 꽃과 잎을 식용한다. 꽃의 맛이 조금 쓰기 때문에 쓴 맛이 필요한 샐러드나 술을 담글 때 사용한다. 싱싱한 어린 잎은 차로 마실 수 있다.

- **약성**

거담, 이뇨, 구충에 효능이 있다. 야생 앵초의 하나인 *Primula veris* 품종은 1리터의 물에 4그램의 뿌리줄기를 넣어 달여 먹는데 독감, 기관지염, 진해, 거담에 효능이 있다. 꽃을 달인 물은 관절염, 이뇨, 여드름에 효능이 있다. 또한 하이브리드 품종이 아닌 몇몇 프리뮬라 원종은 뿌리를 거담, 이뇨, 구충약으로 사용할 수 있다. 민감한 사람은 때때로 뿌리줄기와 접촉할 때 알레르기가 발생할 수도 있으므로 주의한다.

- **번식**

포기나누기

- **키우기**

1 화원에서 상태 좋은 모종을 구입한다.
2 양지~그늘을 구별하지 않고 잘 자란다.
3 비옥한 토양을 좋아한다.
4 수분은 보통으로 관수한다.
5 상온 2도 이상에서 월동한다.

> **부작용** | 때에 따라 알레르기가 유발되므로 식물체의 수액과 안구를 직접 접촉하지 않는 것이 좋다. 꽃과 잎을 과다 섭취할 경우 부작용이 발생할 수도 있다.

제라늄 오일을 만드는 로즈제라늄

쥐손이풀과 관목성여러해살이풀 *Pelargonium graveolens* 1.3m

로즈제라늄 꽃

① 전초
② 잎

서남부 아프리카 원산이며 주 자생지는 남아프리카이다. 대부분의 제라늄 품종이 그렇듯 17세기경 유럽에 전래되었다. 잎에서 연한 장미향이 나기 때문에 로즈제라늄이란 이름이 붙었고, *P. capitatum* 품종도 연한 장미 향 때문에 로즈제라늄이라고 불린다.

속명 *Pelargonium*은 열매 모양이 황새의 부리를 닮았다는 뜻에서 그리스어 Pelargos(황새)에서 유래되었고, 종명 *graveolens*는 라틴어로 '강한 향기'를 뜻한다.

줄기는 높이 1.3m 내외로 자라고 하단부가 목질화되는 경향이 있다. 꽃은 흰색~분홍색이고 온실에서 키울 경우 겨울에도 꽃을 볼 수 있다.

잎에서 추출한 로즈제라늄 오일은 장미유를 대신할 수 있기 때문에 오일 추출 목적하에 상업적으로 재배되었고, 이 오일은 제라늄으로 만든 오일 중에서 인기 있는 오일로 취급받는다.

로즈제라늄 오일은 약용, 아로마테파리, 화장품 용도로 사용한다.

키포인트

관상용 및 식용 목적으로 키운다.

- ### 이용법
어린 잎은 차로 마시고 꽃은 날것으로 먹거나 샐러드로 먹는다. 잎의 장미 향은 각종 요리의 맛내기로 사용한다. 건조시킨 잎은 포푸리를 만든다.

- ### 약성
신선한 잎을 약용한다. 살균, 항염증, 암, 냉증, 편도선염, 진정제로서의 효능이 있다. 여드름, 백선, 피부 습진, 치질 등에 외용할 수 있다. 오일은 '제라늄 오일' 또는 '로즈제라늄 오일'이라고 부르며 아로마테라피, 우울증, 신경 불안, 살균, 방취, 지혈, 강장, 이뇨 목적에 사용하거나 화장품, 샴푸, 목욕제, 식용 목적으로 사용하지만 임산부는 약용을 피하는 것이 좋다.

- ### 번식
종자, 꺾꽂이, 휘묻이

- ### 키우기
1 허브 전문 꽃집에서 모종을 구입한다.
2 양지에서 잘 자란다.
3 중성~알칼리성 토양에서 잘 자란다.
4 수분은 보통보다 조금 건조하게 관수한다.
5 노지에서 월동할 수 없다.

페퍼민트제라늄

박하 향이 나는

쥐손이풀과 상록소관목 *Pelargonium tomentosum* 50~100cm

꽃

남아프리카 원산이며, 원산지에서는 개울가나 숲가의 그늘지고 축축한 땅에서 자생한다. 잎에서 박하 향이 난다고 해서 페퍼민트제라륨이란 이름이 붙었다.

줄기는 높이 50~100cm 내외로 자라고 잔가지가 많이 갈라진다. 잎은 잔털이 많고 벨벳 같은 질감이 있고 불특정한 모양을 가지고 있다. 잎을 손으로 건드리면 진한 박하 향이 난다.

흰색의 꽃은 지름 2cm 정도이고 보라색 무늬가 있다. 꽃자루에도 잔털이 많다. 원산지에서는 5~7월에 꽃이 피며, 국내 온실 환경에서도 대개 비슷한 시기에 꽃이 핀다.

① 잎
② 건조시킨 잎

키포인트

식용, 관상용, 아로마테라피 목적으로 키운다.

● 이용법
싱싱한 어린 잎을 허브 차로 마신다. 건조시킨 잎을 요리의 조미료로 사용하는데 케이크, 파이, 비스킷, 푸딩 등의 과자류의 맛내기로 사용한다. 건조시킨 잎으로 포푸리를 만든다.

● 약성
신선한 잎을 타박상 등에 찜질팩처럼 사용한다. 박하 향이 나는 에센셜 오일은 아로마테라피, 허브 양초 등을 만들 때 사용한다.

● 번식
종자, 꺾꽂이(초여름), 휘묻이

● 키우기
1 허브 전문 꽃집에서 모종을 구입한다.
2 양지~반그늘에서 잘 자란다.
3 사질 점토질 혼합의 알칼리성 토양을 권장한다.
4 수분은 보통으로 관수한다.
5 노지에서 월동할 수 없지만 제주도의 일부 지역에서는 월동이 가능할 것으로 추정된다.

강렬한 꽃 향기의 플루메리아

협죽도과 낙엽/상록관목　*Plumeria spp.*　2~8m

플루메리아 Rubra 품종의 꽃

　세계적으로 10여 품종이 있는 플루메리아는 프랑스 식물학자인 Charles Plumier의 이름에서 따 왔지만, 이태리의 향수업자 Frangipani가 만든 장갑 향수와 꽃 향기가 비슷하다고 하여 '프랜지파니' 라는 이름으로도 불린다.

① 플루메리아 양초
② Rubra 품종의 잎
③ Rubra 품종의 수형

원산지는 브라질과 멕시코를 포함한 중남미, 스리랑카 등이고 남아시아의 열대 지방과 환태평양의 섬에 널리 귀화하였다. 일반적으로 알려진 품종은 P. alba, P. Rubra, P. obtusa 품종 등이다.

줄기는 높이 8m로 자라고 공통적으로 줄기에서 자극적인 수액이 나온다. 꽃의 모양은 품종에 따라 약간 다르고 꽃의 색상은 흰색, 노란색, 분홍색, 붉은색 등이다.

꽃잎은 보통 5장씩이고 꽃의 크기는 5~7cm 정도이다. 플루메리아의 꽃은 일반적으로 꿀샘이 없으므로 밤에 진한 향기를 품어 나방을 유혹하고, 나방에 의해 수분을 맺는다.

흰색 혹은 분홍색 꽃이 피는 P. Rubra 품종은 중남미 원산이며 묘지나 사찰에 심는 나무로 유명하다. 이 품종은 환태평양 지역의 섬에

귀화하여 하와이에서는 레이(화환)에 장식하는 꽃이 되었고 다양한 하이브리드 품종이 개발되었다. *P. Alba* 품종은 중미 카리브해 원산이지만 니카라과와 라오스에서 국화로 지정되었다. 이 품종 또한 남아시아에서 '생명의 나무'로 추앙받으며 묘지나 사원에 심는 나무로 유명하다.

키포인트

플루메리아의 화려한 향기는 열대 지방에서 귀신을 쫓는 나무로 인기를 얻었고 사찰 행사에 사용하는 나무로 인정받았다. 향기를 즐기기 위한 관상용으로 즐겨 키운다.

● 이용법
플루메리아는 줄기 수액에 독성이 있기 때문에 일반적으로 식용하지 않는다. 애완 동물이 잎을 먹으면 구토 증상을 보일 수도 있다. 말린 꽃은 튀김이나 허브 차로 먹을 수 있지만 이 점에 대해서는 이견이 분분하므로 섭취시 소량 섭취를 원칙으로 한다. 꽃에서 추출한 오일을 향수, 비누, 로션, 허브 양초를 만들 때 사용한다.

● 약성
플루메리아는 약용 기록이 거의 없다. 최근 *P. rubra* 품종의 잎과 나무 껍질에서 추출한 물질에 항균, 항암 성분이 있는 것으로 연구되었다.

● 번식
꺾꽂이(봄), 종자

● 키우기
1 큰 꽃집에서 모종을 구입하거나 인터넷 종묘상에서 씨앗을 구입한다.
2 양지~반그늘에서 잘 자란다. 국내 환경에서는 주로 온실에서 키운다.
3 모래질 토양에서 잘 자란다.
4 수분은 보통으로 관수한다.
5 월동 가능한 온도는 13도 이상이므로 노지에서 월동할 수 없다.

꽃과 열매를 먹을 수 있는 훼이조아(파인애플구아바)

도금양과 상록관목 *Acca sellowiana* 1~7mm

우루과이, 파라과이, 콜롬비아, 브라질, 아르헨티나 원산의 훼이조아는 '파인애플구아바'라고도 한다. 훼이조아라는 이름은 포르투갈 식민지 당시의 브라질 태생 군인이자 식물학자인 Joao da Silva Feijo의 이름에서 유래되었고, 19세기경 유럽에, 20세기 초에 아시아에 전래되었다. 국내에서는 식물원 온실에서 가끔 만나는 열대 식물

이지만 원산지에서는 열매를 구아바처럼 식용하기 위해 재배하는 과일 작물이다. 특이하게 생긴 꽃 또한 식용이 가능하므로 기회가 되면 한번 따 먹어 보면 어떨까?

훼이조아의 줄기는 높이 1~7m 내외로 자란다. 달걀 모양의 잎은 길이 4~7cm이고 잎의 밑면은 은회색이다.

꽃의 지름은 2~3cm, 늦봄에 개화하고, 다육질의 흰색 꽃잎과 붉은색 수술로 이루어져 있으며 이 꽃은 벌과 나비에게 인기 있다. 참고로, 꽃을 식용할 때는 꽃잎만 식용하고 수술 부분은 먹지 않는다.

길이 3~8cm의 긴 달걀 모양의 열매는 흔히 훼이조아라고 하는데 국내에서는 파인애플구아바라고도 부른다. 과일의 맛은 약간의 박하 향이 있고, 파인애플과 딸기 맛이 결합된 맛이라고 생각하면 된다. 국내에서도 5년 전부터 과일 작물로 재배하기 시작하였는데 대부분의 재배 농가가 제주도에 있다.

훼이조아를 가정에서 키우려면 베란다에 온실과 비슷한 환경을 만들어 키우는 것이 좋다. 훼이조아는 보통 4~5년 성장했을 때 꽃이 나타나므로 열매를 바로 만나고 싶다면 어린 묘목보다는 4~5년 성장한 나무를 구입하는 것이 좋다.

훼이조아의 월동 온도는 영하 10~영하 5도 내외이고 여름철 32도 이상의 고온은 싫어한다. 온도만 조심하면 키우는 데는 어려움이 없고 가지치기만 잘 하면 된다.

키포인트

관상용으로 즐겨 키운다.

● **이용법**

꽃잎은 샐러드로 먹는다. 약간 바삭하고 단맛이 있어 일종의 과일 맛이 연상된다. 열매는 반으로 가른 뒤 수저로 떠 먹는다. 좀더 독특하게 식용하고 싶다면 열매로 파이, 케이크, 푸딩, 잼, 젤리, 아이스크림 등의 여름 음료를 만들어 먹는다.

● **약성**

터키의 민간에서 갑상선종에 훼이조아 열매를 약용하였다. 또한 이 열매는 소화, 피부 각질 제거에 효능이 있다. 최근 항균, 항산화 성분이 있는 것으로 연구되었다.

● **번식**

꺾꽂이(7~8월), 접목, 종자(봄, 온실)

● **키우기**

1 열대 식물 전문 꽃집에서 어느 정도 자란 묘목을 구입한다.
2 양지~반그늘에서 성장이 양호하다.
3 토양을 가리지 않지만 약간 비옥한 토양을 좋아하고 알칼리성 토양은 싫어한다.
4 수분은 보통으로 관수한다.
5 노지에서 월동할 수 없다.

호주 병사들을 치료했던 티트리

도금양과 상록관목　*Melaleuca alternifolia*　1~6m

흔히 '뉴질랜드차나무'라고 불리는 '마누카'도 '티트리'라는 이름을 가지고 있지만, 허브 용도로 사용하는 티트리의 학명은 *Melaleuca alternifolia*이며 마누카와는 다른 품종이다.

티트리는 호주 북쪽 뉴사우스웰즈와 남부 퀸즈랜드 해안가의 늪 주변이나 개울가에서 자생한다. 줄기는 높이 1~6m로 자라고, 잎의 길이는 10~35mm, 폭 1mm의 넙적한 선 모양이다. 꽃은 3~5cm 길이의 꽃대에 넙적한 선 모양의 꽃잎이 먼지털이처럼 붙고, 흰색으로 개화한다.

호주에서의 티트리는 1770년 호주에 상륙한 쿡 선장이 최초로 약용하면서 그 진가가 알려졌다. 그 후 호주 정착민에게 알려진 티트리는 지난 수백 년간 살균·항염 목적의 약용 식물로 인기를 얻었고, 1920년경에는 관련 논문이 발표되었다. 제2차 세계 대전 때는 병사들의 상처를 치료하기 위해 티트리가 채택되었다.

이후 티트리 오일의 상업성이 크게 부각되면서 1970년대부터 오일 채취 목적의 대규모 농장이 호주 곳곳에 세워졌지만 티트리는 사람들의 뇌리에서 잊혀졌다.

그러다가 약초를 이용한 대체 요법이 인기를 얻기 시작한 1990년대에 과거의 모든 임상 실험을 제로로 하고 다시 실시한 임상 실험 결과 항균·살균·항염증에 효능이 있음이 증명되었다.

티트리 오일은 잎에서 추출하는데, 이 오일은 살균 능력이 매우 뛰어나 비누, 비듬에 좋은 샴푸, 피부에 좋은 로션 등을 만든다.

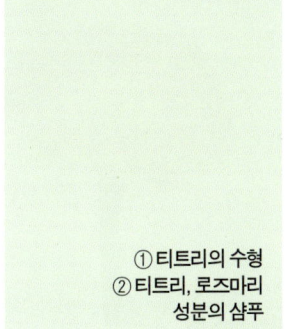

① 티트리의 수형
② 티트리, 로즈마리 성분의 샴푸

키포인트

관상용으로 키우거나 티트리 오일을 추출할 목적으로 재배한다.

● 이용법
티트리는 소독 기능이 뛰어나기 때문에 일반적으로 식용하지 않는다. 식용할 경우 독성으로 작용할 수 있고 특히 어린이에게 좋지 않다. 잎에서 추출한 에센셜 오일은 살균 효능이 뛰어나기 때문에 방취, 양치약, 비누, 샴푸, 로션 제품을 만든다.

● 약성
항균, 항염, 살균, 거담, 발한, 급성간염, 만성피로, 방광염, 화상, 베인 상처, 질 감염, 아구창, 궤양, 여드름, 무좀, 사마귀, 피부 감염에 효능이 있지만 일반적으로 약용으로 사용하지 않는다. 소독 기능이 뛰어난 티트리 오일은 아로마테라피 용도와 각종 피부 감염에 외용한다. 참고로, 고농축 티트리 오일을 피부에 직접 바를 경우 독성을 일으킬 수 있으므로 희석해서 사용한다.

● 번식
종자

● 키우기
1 허브 전문 꽃집에서 모종을 구입한다.
2 양지~그늘에서 잘 자란다.
3 석회질 성분이 없는 비옥한 토양에서 잘 자란다.
4 수분은 보통으로 관수한다.
5 노지에서 월동할 수 없다. 영하 7~0도까지 견디므로 서귀포나 남부 일부 섬 지방에서 노지 월동이 가능할 것으로 보인다.

대머리 치료에 효능이 있는 한련(나스터튬)

한련과 덩굴성 한해살이풀 *Tropaeolum majus* 100cm

콜롬비아, 볼리비아, 칠레, 페루, 남미 안데스산맥 일대에서 자생하는 덩굴성 식물로서 16세기경 페루에서 스페인으로 전래되었다.

줄기는 길이 1m로 자라고, 잎의 크기는 3~15cm, 잎자루의 길이는 5~30cm이다. 잎은 작은 연잎을 닮았고 청록색이다.

① 군락
② 한련 꽃과 팬지 꽃 수프(안면도 꽃박람회)
③ 잎

　꽃의 지름은 3cm, 5개의 꽃잎으로 되어 있고, 노란색·오렌지색·빨간색 꽃이 피지만 하이브리드 품종은 무늬 꽃이 피거나 반점이 있는 경우도 있다. 때때로 흰 꽃이 핀다고도 하는데 흰 꽃 품종은 19세기 이후 발견되지 않고 있다.

　열매는 길이 2cm, 3개로 나누어져 있고, 각 공간마다 씨앗이 하나씩 들어 있다.

　식용 꽃으로 유명한 한련 꽃의 맛은 매운 후추(겨자) 맛과 비슷하고 물컹한 즙이 있지만 톡 쏘는 상큼한 맛으로 섭취할 수 있다. 어린 잎은 샐러드로 먹을 수 있지만 맛은 그다지 좋지 않다. 성숙한 씨앗은 분말을 내어 후추 대용으로 사용한다.

키포인트

관상용, 약용, 식용 목적으로 키운다. 수변 조경 식물로 인기만점이다.

● 이용법
어린 잎은 날것으로 섭취한다. 비타민 C가 풍부한 꽃은 샐러드, 비빔밥으로 섭취하거나 피자, 전, 핸드위치에 넣어 먹을수 있고 요리의 장식용으로 사용한다. 성숙한 종자는 분말로 만든 뒤 후추 대용의 향신료로 사용한다.

● 약성
꽃, 잎, 열매, 줄기를 약용하는데 주로 잎을 약용한다. 물 1리터에 꽃과 열매를 넣거나 잎을 30장 넣어 물이 3분의 1이 될 때까지 달인 뒤 복용한다. 위장을 자극할 수 있으므로 식후에 복용한다.
살충, 항생, 항균, 항암, 항염, 방부, 기침, 거담, 비뇨기 질환, 월경 촉진, 회춘, 변비, 괴혈병에 효능이 있다. 미성숙 열매는 여드름 같은 피부 질환에 연고처럼 바른다. 대머리(모발 성장 자극)에는 잎과 씨앗 100g을 1리터의 물에 잠깐 끓여서 세척한다.

● 번식
종자, 꺾꽂이

● 키우기
1 꽃집에서 모종을 구입한다.
2 양지~반그늘에서 잘 자란다.
3 토양을 가리지 않고 잘 자란다.
4 수분은 보통으로 관수한다.
5 노지에서 월동할 수 없다.

자홍색을 뜻하는 후크시아

바늘꽃과 상록관목 *Fuchsia* L 2~4m

세계적으로 110여 품종이 있지만 대부분 중남미에 자생하며 몇몇 품종은 환태평양의 섬 지역에 분포한다. 후크시아(Fuchsia)의 이름은 이 식물을 1703년 맨 처음 발견한 프랑스의 식물학자 Charles Plumier가 독일의 식물학자

①

Leonhart Fuchs를 기리기 위해 붙였다.

훗날 Plumier는 후크시아 씨앗을 유럽으로 가져와 전파하였고 그 후 후크시아는 영국에서 손이 가지 않아도 잘 자라는 식물로 큰 인기를 얻으면서 다양한 하이브리드 품종이 탄생하였다.

후크시아의 줄기는 높이 2~4m로 자라지만 품종에 따라 20~30cm로 자라는 키 작은 품종이 있다.

잎의 길이는 1~25cm 내외, 줄기에서 마주나거나 3~5개씩 돌려난다. 잎은 상록성이지만 품종에 따라 낙엽성인 경우도 있다.

꽃은 여름~가을에 피지만 품종에 따라 1년 내내 피기도 한다. 꽃은 공통적으로 꽃받침 조각 4개, 꽃잎 4개이고, 꽃받침 조각은 붉은색, 꽃잎은 보라색이지만 품종에 따라 꽃의 색상이 흰색이거나 노란색인 경우도 있고 꽃받침과 꽃잎이 같은 색인 품종도 있다.

열매는 지름 0.5~2cm 정도이고 열매 안에는 자잘한 씨앗이 다수 들어 있다. 후크시아의 경우 대부분의 품종이 열매를 사람이 식용할 수 있다.

후크시아(Fuchsia)는 '자홍색'을 가리키는 영문 단어이기도 한데 이는 이 식물의 꽃 색상에서 유래되었다.

① 꽃
② 잎
③ 잎 뒷면

관상용으로 즐겨 심는다. 국내의 경우 온실에서 키운다.

● **이용법**

후크시아는 품종에 따라 열매 맛의 편차가 심한 편이다. 기본적으로 포도에 후추를 뿌려 먹은 듯한 맛을 보여주는 경우가 많다. *Fuchsia magellanica* 품종의 경우 열매 맛이 가장 안 좋고, *Fuchsia coccinea* 품종의 경우 후크시아 열매 중에서 가장 좋은 맛으로 알려져 있다. 후크시아 목재에서는 검은색 염료를 얻을 수 있다.

● **약성**

Fuchsia magellanica 품종의 경우 해열, 이뇨에 약용한다. 다른 품종의 경우 약용 기록이 없다.

● **번식**

종자(성숙한 열매를 채취한 뒤 바로 직파), 꺾꽂이(일년 내내)

● **키우기**

1 열대 식물 전문 꽃집에서 모종을 구입한다.
2 양지~그늘에서 자란다.
3 중성 토양에서 잘 자란다.
4 수분은 보통으로 관수한다.
5 노지에서 월동할 수 없다.

인간의 피지와 비슷한 성분인
호호바 오일 호호바과 상록소관목 *Simmondsia chinensis* 1~2m
호호바

수형

호호바과에 속하는 유일한 단일 수종이다. 멕시코, 캘리포니아, 애리조나 등의 사막지대에서 자생한다.

줄기는 높이 1~2m로 자라고, 딱딱한 가죽 질감의 잎은 광택이 있다. 잎의 길이는 2~4cm로 거의 긴 타원형에 가깝다.

5~6월에 피는 꽃은 회양목 꽃과 거의 비슷하고 꽃의 색상은 회양목처럼 연노란색, 꽃

받침잎은 없다. 열매는 도토리와 거의 비슷하고 3개의 능각이 있다.

호호바의 종명은 재미있게도 중국에서 자생하는 식물에 붙이는 chinensis인데 여기에는 재미있는 일화가 있다.

Johann Link라는 식물학자가 당시 있었던 식물 컬렉션에서 호호바에 붙여 있던 라벨글씨의 Calif를 Chine라고 잘못 읽으면서 chinensis로 변경되었다는 것이다.

호호바의 이름은 애리조나 인디안 보호 구역의 오드햄 부족 사람 중에서 최초로 호호바 연고를 만들어 화상을 치료한 사람이 있었는데 그 사람의 이름에서 유래되었다.

키포인트

관상용으로 키우기도 하지만 보통은 호호바 오일을 얻을 목적으로 재배하는 경우가 많다.

● 이용법
종자에서 인간의 피지 구조와 비슷한 호호바 오일을 얻을 수 있다. 호호바 오일은 인간의 피지, 그리고 향유고래 오일과 비슷한 구조이기 때문에 피부의 수분 손실을 막는 보습 효능이 있다. 호호바 보습 화장품, 호호바 로션, 호호바 샴푸 등이 인기를 얻으면서 미국 애리조나 사막과 비슷한 환경의 호주, 아르헨티나, 페루, 멕시코, 이스라엘, 팔레스타인 등에 호호바 농장이 만들어졌다.

보통 씨앗의 50%를 호호바 오일로 추출할 수 있어 고래 포획이 금지된 이후 고래 오일의 대체품으로 인기가 높아졌다. 열매는 껍질을 벗긴 뒤 기름에 볶고 소금으로 간을 한 뒤 먹는다. 열매를 볶은 뒤 분쇄하여 커피처럼 마실 수도 있다.

● 약성
살균, 하제에 효능이 있다. 하제(설사약)로 사용하려면 호호바 오일을 그대로 식용하면 되는데 이때 호호바 오일은 소화가 아예 되지 않고 대변으로 그대로 나오면서 장 내용을 배설하게 만든다.

● 번식
종자

● 키우기
1 인터넷 종묘상에서 호호바 종자를 구입한다.
2 양지를 좋아하고 반음지에서는 성장이 불량하다.
3 사질, 자갈이 섞인 토양에서 자란다.
4 수분은 보통으로 관수한다.
5 노지에서 월동할 수 없다.

약용·식용 허브로 유명한 맨드라미

비름과 한해살이풀 *Celosia cristata* 1m

열대 인도 원산이며 인도에서는 해발 1,600m 지점에서도 발견되고 있다. 꽃의 생김새에 따라 주먹맨드라미, 촛불맨드라미, 닭벼슬맨드라미 등의 다양한 품종이 있고 이들 중 몇몇 품종은 열대 아프리카 원산으로 보고 있다. 꽃의 식용과 약용이 가능한 식물이며, 약용할 경우 일반적으로 주먹맨드라미 꽃을 약용한다.

줄기는 높이 1m 내외로 자라고 붉은빛이 돈다. 어긋난 잎은 달걀 모양이고 잎자루가 있다. 잎의 색상은 보통 녹색이지만 하이브리드

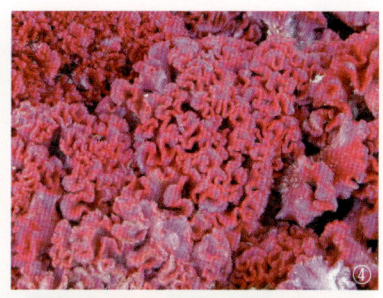

품종의 경우 청동색이나 적갈색인 경우도 있다. 7~8월에 피는 꽃은 자잘한 꽃이 모여 달리고, 꽃의 색상은 붉은색, 분홍색, 주황색, 노란색, 흰색이 있다.

달걀 모양의 열매는 꽃받침이 붙어 있고, 열매 1개당 3~5개의 종자가 들어 있다.

① 닭벼슬맨드라미
② 맨드라미 무스(안면도 세계꽃박람회 작품)
③ 주먹맨드라미
④ 약용 판매하는 주먹맨드라미 꽃
⑤ 촛불맨드라미
⑥ 맨드라미 꽃 버터

키포인트

관상용, 약용, 식용 목적으로 키운다.

● **이용법**

맨드라미의 어린 잎은 조리해 먹는데 특히 중서부 아프리카에서 잎채소처럼 즐겨 먹는다. 어린 줄기는 스튜에 채소처럼 넣어 먹는데 시금치 같은 향미가 있다. 꽃은 잘 건조시킨 뒤 각종 요리의 맛내기로 사용한다.

● **약성**

주먹맨드라미의 꽃을 약용한다. 항균, 구충, 해열, 나병, 간 질환, 궤양, 혈변, 자궁 출혈에 효능이 있다. 주먹맨드라미 잎은 담즙 질환, 임신에 효능이 있고, 종기에는 달인 물을 연고처럼 바른다. 종자는 혈압 강하, 백내장에 효능이 있다.

● **번식**

종자(4월은 온실 파종, 5~7월은 노지 파종)

● **키우기**

1 인터넷 종묘상에서 주먹맨드라미 씨앗을 구입한다.
2 양지에서 잘 자란다.
3 토양을 가리지 않지만 비옥한 토양을 좋아한다.
4 수분은 보통으로 관수한다.
5 겨울에는 실내에서 월동 처리한다.

여자 세탁부라고
불렸던 석죽과 여러해살이풀 *Saponaria officinalis* 70cm

솝워트(소프워트, 비누풀)

솝워트 꽃

    시베리아와 서유럽에 자생하며 세계적으로 20여 유사종이 있다. 식물체에서 나오는 묽은 용액을 비누처럼 사용할 수 있어 국내에서는 '비누풀' 또는 '거품장구채' 라고 불린다. 식물체의 비누 효과는 이 식물의 사포닌 성분 때문인데 특히 뿌리에 많이 함유되어 있다.

① 열매
② 잎
③ 전초

이 때문에 속명인 *Saponaria*은 라틴어 Sapo(비누 또는 사포닌)에서 유래되었고, 영어명인 솝워트(Soapwort)에도 비누(Soap)라는 뜻의 단어가 들어가 있다.

줄기는 높이 70cm로 자라고 잎은 마주난다. 잎의 길이는 4~12cm, 넓은 버드나무 잎을 닮았다.

5~9월에 피는 꽃은 흰색이거나 연한 분홍색이고, 꽃에서는 좋은 향기가 있다. 꽃의 너비는 2.5cm 정도이고, 꽃잎은 5개로 갈라져 꽃잎이 5장 붙어 있는 것처럼 보인다. 원래 유럽산이지만 우리나라는 물론 전세계에 귀화하였고, 국내에서도 농촌 들녘에서 흔하게 볼 수 있다.

이 식물은 영국에서 Bouncing bet이라고 부르는데 Bet는 Bess(통상적인 여자 이름)를 뜻하므로, 따지고 보면 '여자 세탁부'라는 뜻이란다.

키포인트

관상용, 약용 목적으로 키운다.

● 이용법

사포닌 함유 식물은 소량 섭취시 안전하며 다량 섭취하면 문제가 발생할 수 있으므로 식용을 권장하지 않는다. 다량의 잎을 짓이겨 냇가에 뿌리면 물고기를 기절시켜 잡을 수 있을 것으로 추정된다. 전초와 뿌리를 끓여낸 물은 비누처럼 사용할 수 있고 특히 직물 세척에 좋다. 연한 거품은 모발 세척에 좋지만 눈에 들어가지 않도록 주의한다. 이 식물을 이용한 가려움증 예방 샴푸가 시중에 판매중이다.

● 약성

말린 잎 4스푼을 1리터의 차가운 물에 5시간 동안 우려낸 뒤, 우려낸 물을 끓여서 작은 잔으로 1일 3회 마신다. 거담, 발한, 담즙 분비, 이뇨에 효능이 있지만 과다 약용하면 문제가 발생할 수 있다. 가려운 피부에는 잎을 달여서 외용한다.

● 번식

종자, 포기나누기(봄, 가을)

● 키우기

1 인터넷 종묘상에서 종자를 구입한다.
2 양지~반그늘에서 잘 자란다.
3 비옥한 토양을 좋아하지만 황폐지에서도 성장이 양호하다.
4 수분은 보통으로 관수한다.
5 겨울에 노지 월동 가능하다.

불면증에 특히
효능이 높은 마타리과 여러해살이풀 *Valeriana officinalis* 100~150cm

발레리안(서양쥐오줌풀)

꽃

유럽과 북아시아에서 자생하지만 북미에도 귀화하였다. 그 유명한 히포크라테스도 이 식물을 언급한 적이 있듯 고대 그리스와 로마 시대부터 약용 식물로 사용한 기록이 있고, 중세 유럽에서는 만병 통치약으로 취급받았다. 대개 불면증, 신경 안정, 히스테리, 불안증, 두통에 효능이 있다고 알려졌는데 우리나라에서 자생하는 '쥐오줌풀'도 이와 비슷한 약효가 있다.

'발린'이란 필수 아미노산은 이 식물에서 유래되었는데 역시 신경 안정, 두뇌 강화, 근육 강화 역할을 한다. 식물명 발레리안은 고대 로마에서 사용된 족명 *Valerius*에서 유래한 것으로 보고 있다.

① 전초
② 잎

줄기는 높이 1~1.5m 내외로 자라고 줄기 속은 비어 있다. 마주난 잎은 깃꼴겹잎이고 잎의 가장자리에 불규칙한 톱니가 있다.

꽃은 5~9월에 산형화서로 자잘한 꽃이 달리는데 꽃의 색상은 흰색이거나 분홍색이다. 각각의 작은 꽃 크기는 약 5mm 정도이다. 꽃잎은 5장으로 갈라지고 아래쪽은 통 모양, 특히 꿀벌이 이 꽃을 좋아한다.

발레리안과 자생종의 '쥐오줌풀'을 비교하면 외형은 거의 같지만 발레리안이 2~3배 높이 자란다는 점이 다르다.

번식은 종자와 포기나누기로 할 수 있고, 햇빛이 잘 드는 양지에서 잘 자란다. 약용 부위는 뿌리인데 특히 불면증과 스트레스에 효능이 있고, 서양에서는 불면증 개선 목적으로 발레리안 뿌리 성분이 함유된 허브 보조제가 판매되기도 한다.

역사적으로 보면 중세 스웨덴에서는 결혼식에서 요정의 질투를 막기 위해 이 식물을 신랑의 옷에 장식했다는 전설이 있다. 중세 독일에서는 이 식물을 창문에 걸어 귀신과 악귀를 쫓았다고도 한다.

발레리안을 약용하는 방법은 매우 간단하다. 싱싱한 뿌리 또는 건조시킨 뿌리 분말 1티스푼을 뜨거운 물에 타서 마시는데, 침대에 들어가기 30분 전에 마시면 불면증 해소에 특히 효능이 높다. 단, 모든 허브 보조제가 그렇듯 장기간 과용하지 않도록 주의해야 한다.

‖참고‖ 허브 티, 허브 비누, 허브 건강 보조제를 가정에서 만들려면 농약을 사용하지 않은 유기농 허브를 사용하는 것이 좋다. 각종 농약으로 키운 허브의 경우 농약 고유의 화학 성분이 축척된 상태이므로 때에 따라 건강에 안 좋은 효과를 준다. 물론 유기농 허브 제품들은 그만큼 더 비싼 가격으로 거래될 것이다.
그렇다고 농약으로 키운 허브를 아예 활용 못하는 것도 아니다. 날것으로 섭취하는 것은 피하는 대신, 데치거나 건조시킨 뒤 활용하는 것이 잔류 농약을 조금이라도 제거할 수 있는 방법일 것이다.

항산화 성분이
가장 많이 함유된 국화과 여러해살이풀 *Cynara scolymus* 1.5~2m
아티초크

우리나라의 엉겅퀴와 비슷한 식물인 아티초크는 국화과의 여러해살이풀로 높이 2m 내외로 자란다. 원산지는 남유럽 지중해 유역이지만 우리나라에도 오래 전 전래되어 조선계라는 이름이 붙었다. 국내 환경에서는 일부 남부 지방에서 월동한다.

뿌리에서 올라온 잎은 깊게 갈라져 있고 잎의 색상은 은록색이거나 청록색이다. 뿌리잎은 길이 50~70cm까지 자라므로 잎의 길이가 어

아티초크 잎

른 팔 길이만큼 자라는 경우도 있다.

자주색 꽃은 엉겅퀴 꽃과 비슷하고 이 꽃은 사람이 먹을 수 있는데 주로 꽃봉오리 상태의 녹색 포엽을 먹고, 개화한 꽃은 소화가 되지 않기 때문에 먹지 않는다. 녹색 꽃봉오리를 먹는 방법은 채소를 데쳐 먹는 것과 비슷하다. 팔팔 끓는 물에 소금이나 레몬즙을 넣어 데친 뒤 소스에 찍어 먹거나 날것으로 먹기도 한다.

역사적으로 아티초크는 그리스 로마 시대부터 재배한 것으로 추정되고 있다. 잎과 꽃봉오리를 먹기 위해 재배한 것인데 한때는 거의 야채와 비슷하게 취급하였다. 중세 이태리에서 큰 인기를 얻었던 아티초크는 1500년경 북서 유럽에 전래된 뒤 미국에는 1900년경 상륙하였다.

현재도 아티초크를 채소처럼 식용하는 국가는 서유럽이며 주요 재배국은 이태리, 스페인, 이집트 등이 있다. 품종에 따라 다르겠지만 일반적으로 2년째 되는 해부터 꽃봉오리를 생산해 먹을 수 있고, 최대 5년 동안 수확할 수 있다.

키포인트

꽃봉오리를 즐겨 먹는다.

● **이용법**

개화하기 전의 어리고 싱싱한 꽃봉오리를 손가락 1마디 길이의 줄기가 붙어 있는 상태로 수확한다. 줄기는 가시를 제거하고 준비한다. 성숙한 잎은 이파리 부분을 제거하고 하단부의 다육질 잎자루 부분을 식용하고, 어린 잎은 이파리를 제거하지 않고 식용할 수 있다. 이것들을 소금을 넣은 물에 부드러워질 때까지 데치거나 찐다. 변색을 방지하려면 데칠 때 약간의 레몬즙을 추가한다.

꽃봉오리는 하나씩 해체해 소스에 찍어 먹고 줄기는 껍질은 벗기고 알맹이를 소스에 찍어 먹는다. 전체를 튀겨 먹거나 껍질을 벗긴 줄기를 양념된 피클로 먹기도 한다. 이 피클은 피자 요리의 토핑으로 사용하기도 한다. 각종 바비큐 요리에 향신료를 넣어 볶아 먹거나 스튜에 넣어 먹기도 한다. 이태리에서는 증류주에 넣어 술을 만들고, 베트남에서는 건조시킨 잎을 허브 티로 마신다.

● **약성**

허브 티로 마실 경우 이뇨, 방광, 간장에 효능이 있다. 채소류와 비교하면 항산화 성분이 가장 많이 함유된 식물 중 하나인데 이 성분은 꽃봉오리에 많이 함유되어 있다. 따라서 아티초크 꽃봉오리를 많이 섭취하면 그 만큼 노화 방지에 효능이 있다.

● **번식**

종자, 꺾꽂이, 포기나누기

● **키우기**

1 허브 전문 도매점에서 아티초크 모종이나 씨앗을 구입한다.
2 양지~반그늘에서 자란다.
3 토양을 가리지 않으나 비옥토를 좋아한다.
4 수분은 보통으로 관수한다.
5 일부 남부 지방에서 노지에서 월동 가능하다.

다이어트에
효능이 있을까? 갯질경이과 여러해살이풀 *Armeria spp.* 10~20cm
아르메리아

지중해, 영국, 아일랜드의 바닷가에서 자생하며 'Thrift' 또는 'Sea Pinks'라고도 한다. 대부분 지중해 연안에서 자생하며 100여 유사종이 있지만 몇몇 품종은 남미 해안가나 아시아, 환태평양의 바닷

가에서도 발견되고 있다.

  국내에서는 암석 정원에 심는 원예 식물로 유명하지만 외국에서는 절화로도 인기가 많다.

  줄기는 둥글고 높이 10~20cm로 자란다. 잎은 긴 줄 모양이고 약간 평평하다.

전초

  꽃은 우리나라의 부추 꽃과 비슷하지만 꽃의 색상은 분홍색, 보라색, 흰색 등 매우 다양하다. 이 꽃은 국내 환경에서는 늦봄에 개화하고, 나비가 특히 좋아한다.

  아르메리아는 영국이나 아일랜드의 해안가에서는 흔하게 자라는데 이 때문에 영국의 옛날 동전에는 이 꽃이 그려져 있단다.

  유명한 품종으로는 *Armeria maritima* 품종, *Vindictive* 품종, *Alba* 품종이 있는데 *Armeria maritima* 품종과 *Armeria maritima Alba* 품종은 국내 식물원에서도 흔히 만날 수 있다.

잎과 뿌리를 식용할 수 있고, 드물지만 약용하기도 한다.

이용법
Armeria maritima(Armeria vulgaris) 품종의 경우 잎과 뿌리를 식용한다. 잎은 조리해서 먹는데 요리용이 아닌 다이어트 목적으로 식용한다.

약성
식물체에 항생제 성분과 다이어트 관련 성분이 함유되어 있는 것으로 알려져 있지만, 밝혀지지 않은 불안전 요소가 있으므로 약용하는 경우는 상당히 드문 편이다. 약용할 경우 가급적 말린 것을 권장하며, 또한 반드시 전문가의 도움 하에 약용할 것을 권장한다. 잘못 약용할 경우 신경 불안, 비뇨기 감염, 피부 질환이 발생할 수도 있다.

번식
종자, 포기나누기(봄)

키우기
1 허브 전문 도매점에서 모종을 구입한다.
2 양지에서 자란다.
3 물빠짐이 좋은 토양에서 잘 자란다.
4 수분은 보통으로 관수한다.
5 추운 지방을 제외한 일부 지방에서 노지 월동 가능하다.

부록

읽기 편하게 정리한 허브 프로세서

에센셜 오일 - 수증기 증류법

　에센셜 오일은 식물의 사랑과 자연의 기운을 인간에게 나누어 주는 역할을 한다. 에센셜 오일은 허브의 잎, 꽃, 뿌리, 줄기 등을 모아서 수증기 증류법으로 모을 수 있다.

　허브에 따라 오일 성분이 많은 부분에서 추출하는데 간혹 식물체 전체에서 추출하기도 한다.

수증기 증류기(허브아일랜드)

에센셜 오일(허브아일랜드)

1. 식물을 증류기에서 증기로 데우면 에센셜 오일 성분이 나온다.
2. 에센셜 오일 성분은 미리 설치한 관을 통해 흐르면서 서서히 냉각된다.
3. 수집된 액체는 밀도 차이 때문에 상하로 분리된다.
4. 위는 에센셜 오일, 아래는 플로럴 워터로 분리된다.

에센셜 오일 & 아로마테라피 요법

　에센셜 오일은 약용, 식용(조미료), 아로마테라피 등의 다양한 목적으로 사용하는데, 에센셜 오일을 바로 식용하는 경우는 거의 없다.
　예컨대, 어깨가 뻐근하다면 목 뒷덜미에 뻐근한 어깨에 좋은 에센셜 오일을 한두 방울 발라 근육을 풀어 준다. 맛내기용 에센셜 오일이라면 요리의 향신료로 몇 방울 첨가하는 방식이다.

✣ 허브 과일 양초
　허브 향과 과일 향이 함유된 허브 양초이다. 선호하는 허브 에센셜 오일을 첨가해 만든다.

✣ 허브 버너(아로마 버너)
　도자기 그릇에 에센셜 오일을 넣고 밑에서 허브 양초로 데우면 실내에 허브 향이 가득하게 된다
　허브 버너는 유리, 도자기, 전기 방식 등 다양한 종류가 있다.

도자기형 허브 버너(허브빌리지)

　허브 아로마테라피는 욕조에 에센셜을 넣어 목욕하거나 에센셜 오일을 넣어 향초와 비누를 만들어 사용하는 방식이 있지만, 가장 편리한 아로마테라피 요법은 에센셜 오일을 촛불로 데우는 허브 버너 방식과 방향제처럼 향을 즐기는 디퓨저 방식이 있다. 이 때 중요한 것은 목적하는 약효이다. 에컨대 두통으로 고생하고 있다면 두통에 좋은 허브 에센셜 오일을 아로마테라피 요법에 사용해야 한다.

✤ **허브 디퓨저**
　공기 방향제처럼 허브 향을 즐길 수 있다. 거실이나 욕실에 알맞으며 다양한 종류가 있다.

디퓨저(일명 허브)

✤ **허브 인센스 스틱 & 콘**
　허브 성분이 함유된 스틱이나 콘을 향처럼 태우는 방식으로 실내 공기를 정화한다. 애완 동물을 키우는 가정에 좋다.

인센스 콘

인센스 스틱

프리지어 허브 양초(허브아일랜드)

✣ 허브 양초

허브 양초 만들기에 필요한 아래 재료를 준비한다.

재료 - 파라핀, 심지용 굵은 면실, 허브 분말(또는 에센셜 오일), 싱싱한 허브 잎, 성형 용기(또는 종이컵), 천연 색소.

1. 파라핀을 중탕으로 가열하여 서서히 녹인다. 이 때 양초 색상을 내려면 원하는 색소를 첨가한다.
2. 파라핀 녹인 원료에 심지용 면실을 잠깐 담갔다가 꺼내어 단단하게 굳혀 놓는다.
3. 다 녹은 양초 원료가 굳기 전에 허브 분말을 조금 넣거나 허브 에센셜 오일을 2~3방울 넣고 잘 젓는다.
4. 성형 용기인 종이컵 안쪽에 싱싱한 허브 잎을 원하는 모양으로 붙여 놓는다.
5. 파라핀 녹인 원료를 성형 용기에 서서히 붓는다.
6. 성형 용기 위에 나무젓가락 2개를 올려놓고 젓가락 사이에 심지용 면실을 꽂아 용기 안으로 밀어넣고 면실이 넘어지지 않도록 젓가락으로 고정시킨다.
7. 1시간 정도 서서히 굳히면 허브 양초가 완성된다.

註) 파라핀이 없을 경우 쓰다 남은 양초를 깎아 분말로 만들어 사용한다.

❋ 허브 MP 비누

허브 MP 비누 만들기에 필요한 아래 재료를 준비한다. MP 비누란, 녹여붓기(Melt & Pure) 방식으로 만드는 비누를 말한다.

재료 – 비누 베이스 100g, 허브 분말(또는 허브 에센셜 오일), 비누 틀(또는 플라스틱 용기나 종이컵), 천연 색소, 글리세린(필요한 경우).

1. 비누 베이스를 냄비에 넣고 불에 녹인다.
2. 녹은 비누 베이스에 허브 에센셜 오일을 몇 방울 떨어뜨리고 색소도 첨가한다.
3. 비누 틀에 붓는다.
4. 냉동실에 30분 정도 넣어 굳힌다.

註)비누 베이스는 인터넷의 허브 전문 쇼핑몰에서 판매한다. 1kg으로 보통 10개의 비누를 만든다.

티트리 허브 비누와 휀넬 허브 비누

허브 포푸리 만들기

허브 포푸리는 향이 좋은 허브 잎 또는 꽃으로 만든다. 그늘에서 잘 건조시킨 뒤 만들면 된다. 포푸리 주머니가 없을 경우엔 건조시킨 재료를 줄에 걸어 놓는 것으로도 효과가 있다.

1. 향이 좋은 허브 잎 또는 꽃을 잘 건조시킨다.

2. 예를 들어, 두통으로 고생하는 가족이 있다면 두통에 좋은 허브를 주재료로 사용한다.
3. 망사로 된 작은 주머니에 건조시킨 재료를 넣고 끈으로 잘 묶는다.
4. 실내에 걸어 놓는다.

스패니시라벤더 꽃(허브아일랜드)

국내에서 쉽게 구할 수 있는 요리용 허브 향신료의 용도

  허브 향신료는 일반적으로 분말 형태의 향신료와 잎을 잘게 썬 후 레이크 형태의 향신료가 있다. 구입처가 마땅치 않지만 인터넷 쇼핑몰을 통하면 손쉽게 구입할 수 있다. 만일 오프라인 매장에서 구입하고 싶다면 '허브아일랜드' 나 '세계꽃식물원' 같은 허브 전문 식물원의 구내 매장에서 구입한다.
  참고로, 분말 형태의 허브 향신료를 요리에 얼마만큼 첨가할지 모르는 경우가 많은데 이 경우 '후춧가루' 를 생각해 보자. 후춧가루를 요리에 솔솔 뿌리는 것처럼, 허브 향신료도 그 정도 분량만 솔솔 뿌리면 된다. 물론 박하 계열 향신료는 맛이 강하기 때문에 첨가량을 조금 더 줄이는 것이 좋다.

✽ 팔각회향(Star Anise)

우리나라의 붓순나무와 비슷한 팔각회향나무(*Illicium verum*) 열매이다. Star anise 라고도 한다. 오향장육 같은 중국 요리의 향신료로 쓰이지만 서구권의 알코올 음료에서도 사용 빈도가 점점 높아지는 추세이다.

✽ 정향(Clove)

인도네시아에서 자생하는 도금양과의 정향나무(*Syzygium aromaticum*) 꽃봉오리를 말한다. 우리나라의 물푸레나무과 정향나무와는 다른 품종이다. 맛이 맵고 강하다. '클로브'라고도 하며 육류, 수프, 과자의 향신료로 사용한다.

✽ 타라곤(Tarragon)

지구 북반부에 분포하는 국화과 식물로서 우리나라의 쑥과 비슷한 식물이다. 속명은 *Artemisia dracunculus*이며, 프랑스 요리의 매우 중요한 향신료이다. 가금류, 생선, 달걀, 제빵, 달팽이 요리 등에 사용하며 여름 음료에 사용하기도 한다.

✽ 그린페퍼(Green Pepper)

후추과 상록덩굴식물인 후추(*Piper nigrum*)의 열매이지만 미성숙 상태의 열매로 만든 향신료이다. 블랙페퍼를 만드는 방식과 같지만 특별하게 처리하여 녹색이 사라지지 않도록 만든다. 태국 요리에서 즐겨 사용하는 후추이다.

❈ 로즈마리(Rosemary)

　톡 쏘는 박하 계열의 향신료이다. 양고기, 돼지고기, 생선 구이 등의 서양 요리에서 즐겨 사용한다. 자세한 내용은 책의 본문을 참고한다.

❈ 페퍼민트(Peppermint)

　톡 쏘는 박하 계열 향신료이다. 허브티로 마시거나 민트라테를 만든다. 또한 각종 요리의 향신료로 사용한다. 서양 요리에서 즐겨 사용한다. 자세한 내용은 책의 본문을 참고한다.

❈ 오레가노(Oregano)

　매운 맛 계열 향신료이다. 이태리식 피자, 육류, 생선, 냄비 요리, 콩 요리, 크림 스파게티 소스와 양 요리, 케밥 등 터키식 육류 요리의 중요한 향신료이다. 자세한 내용은 책의 본문을 참고한다.

❈ 휀넬(Fennel, 회향)

　단맛이 나는 감초 계열의 향신료이다. 우리나라 사람 입맛으로 볼 때 가장 부담이 없는 향신료이다. 자세한 내용은 책의 본문을 참고한다.

✤ 타임(Thyme)

그린타임, 레몬타임 등의 타임 잎을 향신료로 사용한다. 육류, 양고기, 닭고기, 달걀 요리, 토마토 요리, 버섯 요리, 호박 요리에 사용한다. 자세한 내용은 책의 본문을 참고한다.

✤ 캐모마일(Chamomile)

국화과의 쓴 맛이 나는 향신료이다. 쿠키, 빵, 아이스크림, 알코올 음료의 맛내기로 사용한다. 자세한 내용은 책의 본문을 참고한다.

✤ 루이보스(Rooibos)

아프리카에서 자생하는 콩과 식물인 루이보스(*Aspalathus linearis*)의 잎으로 만든 향신료이다. 보통 허브 티나 라테 커피로 음용하는데 약간 시큼한 맛이 난다.

찾아보기

ㄱ

가든세이지 …………………………… 31
고수(코리안더) ……………………… 120
글라디올러스 ………………………… 215
금어초 ………………………………… 196
금잔화(포트메리골드) ……………… 140

ㄴ

나바초세이지 ………………………… 44

ㄷ

달리아 ………………………………… 143
당아욱(붉은당아욱) ………………… 269
데이지 ………………………………… 152
디기탈리스(폭스글로브) …………… 199
딜 ……………………………………… 126

ㄹ

란타나 ………………………………… 242

램즈이어 ……………………………… 101
러비지 ………………………………… 131
레드클로버(붉은토끼풀) …………… 254
레몬그라스 …………………………… 229
레몬밤(멜리사) ………………………… 82
레몬버베나 …………………………… 248
레이디스맨틀 ………………………… 232
로만캐모마일(잉글리시캐모마일) … 181
로즈마리 ……………………………… 94
로즈제라늄 …………………………… 293
루 ……………………………………… 136
루꼴라(로켓) ………………………… 193

ㅁ

마리노라벤더(잉글리시라벤더) …… 55
마조람(스위트마조람) ……………… 74
맨드라미 ……………………………… 318
멀레인, 우단담배풀 ………………… 202
멕시칸세이지(멕시칸부시세이지) … 48
멕시칸스위트허브 …………………… 239
목화 …………………………………… 262

무스카리 ······················· 205
민트부시(프로스탄데라) ············ 103
밀크시슬(마리아엉겅퀴) ············ 160

ㅂ

바질(스위트바질) ················· 78
발레리안(서양쥐오줌풀) ············ 324
밥티시아 ······················· 251
백묘국 ························· 170
버베인(마편초) ··················· 245
베르가못(오스위고차, 스칼렛 비밤) ·· 88
보리지 ························· 223
브라질아부틸론 ·················· 266
블루세이지 ······················ 50

ㅅ

산톨리나(코튼라벤더) ·············· 187
서던우드 ······················· 179
소렐 ··························· 218
솝워트(소프워트, 비누풀) ··········· 321
슈퍼버글(아주가) ················· 91
스위트라벤더 ····················· 52
스테비아 ······················· 176
스패니시라벤더 ··················· 58

스피아민트(녹양박하) ·············· 23
시계초(시계꽃, 패션플루트) ········ 256

ㅇ

아게라툼(불로화) ················· 169
아그리모니 ······················ 237
아라비안자스민(말리화) ············ 284
아르메리아 ······················ 330
아스파라거스 ···················· 208
아티초크 ······················· 327
애플민트 ························ 14
버베인(마편초) ·················· 245
야래향자스민 ···················· 287
야로우(서양톱풀) ················· 163
에키나시아(자주천인국) ············ 190
오데코롱민트 ····················· 25
오레가노 & 그릭오레가노 ········· 70
올리브나무 ······················ 279
와일드스트로베리 ················· 235
월계수(베이) ···················· 275
잇꽃(샤플라워, 홍화) ·············· 157

ㅈ

장미 허브 ······················ 110

ㅊ

차이브 ·· 212

챠빌(처빌) ·· 124

체리세이지(가을세이지, 오텀세이지)
·· 34

ㅋ

캐러웨이 ··· 29

캣민트(개박하, 캣닢) ····················· 30

커리프랜트 ······································· 184

커피나무 ·· 272

컴프리 ··· 226

콜레우스 ·· 105

클라리세이지 ···································· 45

ㅌ

타임(레몬타임, 그린타임) ············ 65

탠지(탄지) ······································· 166

티트리 ·· 306

ㅍ

파슬리 ··· 117

파인애플세이지 ······························· 39

페니로얄 ··· 27

페니워트 ·· 133

페퍼민트(양박하) ····························· 18

페퍼민트제라늄 ····························· 296

프리뮬라 ·· 290

프린지드라벤더(프렌치라벤더) ··· 61

플루메리아 ······································ 299

피나타라벤더 ···································· 63

ㅎ

한련(나스터튬) ······························ 309

핫립세이지 ······································· 37

해바라기 ·· 148

허하운드 ·· 85

헬리오트로프 ································· 220

호호바 ·· 315

후루츠세이지(피치세이지) ············ 42

후크시아 ·· 312

훼이조아(파인애플구아바) ········· 303

훼넬(회향) & 브론즈훼넬 ············ 112

휘버휴 ·· 73

히비스커스(하와이무궁화) ········· 259

히솝 ·· 98

평창 봉평허브나라농원
(033-335-2902)

허브 온실, 야외 식재 단지, 허브 커피숍, 허브 레스토랑, 허브 베이커리, 허브 펜션 등으로 구성되어 있다. 평창의 유명한 이효석 생가와 흥정 계곡을 끼고 있으므로 1박 2일 여행지로도 안성맞춤이다. 펜션 시설이 특히 잘 구비되어 있으므로 숙박 겸 찾는 것이 좋다.

연천 허브빌리지
(031-833-5100)

연천 전곡읍 읍내에서 왕징 방면으로 가다 보면 임진강변의 진상리가 나온다. 여기서 북쪽 군납면으로 이동한 뒤 북삼교를 건너면 강변에 허브빌리지가 있다. 하나의 큰 온실과 야외 허브 단지, 레스토랑, 허브 선물 코너, 족욕 코너, 커피숍, 허브 공방과 대형 펜션 단지가 구비되어 있다. 주로 가족과 함께 펜션을 찾는 사람들이 즐겨 찾는다. 식물원 구경은 2시간 정도면 충분할 것으로 보인다.

포천 허브아일랜드
(031-535-6494)

포천 신북 온천 남서쪽 4km 지점에 위치하고 있다. 연인이나 가족과 함께 가는 곳으로 유명하다. 허브 선물코너를 비롯한 허브 제품의 구색이 매우 많은 곳으로서 허브 제품이나 상품 구경으로도 두, 세 시간이 필요하다. 식물원 내에 허브 레스토랑, 허브 커피숍, 허브 갈비집, 허브 베이커리 등이 있으므로 먹을거리도 많다. 또한 꽃집, 허브 공방, 허브 체험장, 허브 박물관 등이 있으므로 전체를 모두 관람하려면 3~4시간으로도 부족하다. 자체적으로 하나의 큰 온실이 있으므로 겨울 여행지로도 적당하다.

안성 허브마을
(031-678-6700)

허브 식물원이라고 하기보다는 허브를 테마로 한 이국적 풍경의 허브 마을이다. 허브 레스토랑, 허브 커피숍, 허브 베이커리, 허브 선물 코너, 펜션, 산책로 등이 있고 작은 규모의 온실이 있다. 안성시 진촌면 동아방송예술대학 오른쪽 길로 올라가면 나온다. 1~2시간 여행 코스로 안성맞춤이므로 드라이브 겸 식사를 하기 위해 들르는 경우가 많다.

청원 상수허브
(043-277-6633)

경부 고속 도로 청원 IC 바로 옆에 있는 허브 식물원으로서 허브를 테마로 한 식물원 중에서 국내 최초로 문을 연 곳이다. 온실형 식물원과 야외형 식물원이 결합되어 있고 허브 레스토랑, 허브 공방, 커피숍, 허브 선물 코너 등이 구비되어 있다. 국내에서 허브 꽃밥이란 요리를 맨 처음 활성화시킨 곳으로도 유명하므로 상수허브에 들리면 반드시 허브 꽃밥을 먹어 봐야 한다. 국내의 허브 꽃밥 요리는 제대로 하는 집이 없는데 이곳만큼은 창시자답게 허브 꽃밥이 제대로 나온다.

아산 세계꽃식물원
(041-544-0746)

전체가 온실로 되어 있는, 아시아에서 가장 큰 온실형 식물원이다. 다육, 열대, 화초, 허브 식물을 만날 수 있다. 식물원 내에 작은 식당과 허브 선물 코너가 있다. 온실의 크기가 방대하고 대부분의 화초들이 겨울에 꽃을 피우기 때문에 겨울에 특히 아름다운 곳이다. 아산 도고온천 남쪽 21번 국도변에 위치하고 있다. 이국적인 외국 식물을 비롯해 꽃을 하나씩 제대로 감상하면서 서서히 즐기려면 2~4시간이 필요하다.